结构竞赛模型设计

周　耀　黄达海　郭全全　刘　毅　编著

中国建筑工业出版社

图书在版编目（CIP）数据

结构竞赛模型设计/周耀等编著. —北京：中国建筑工业出版
社，2019.11（2023.9重印）
ISBN 978-7-112-24304-4

Ⅰ.①结…　Ⅱ.①周…　Ⅲ.①建筑结构-结构设计-模型（建
筑)-高等学校-教材　Ⅳ.①TU318②TU205

中国版本图书馆 CIP 数据核字（2019）第 220004 号

本书旨在帮助学生快速掌握结构竞赛模型设计理论知识、模型设计与制作方法，提高竞赛水平。主要内容包括绪论、材料力学与结构力学基础知识、结构竞赛模型设计辅助分析、结构竞赛模型制作方法、结构竞赛模型设计方法、桥梁结构模型设计与分析、高层结构模型设计与分析、结构设计竞赛作品赏析、建筑结构设计竞赛赛题。

本书可作为高等院校建筑、土木等专业本科生参加结构设计竞赛指导书，也可供相关专业教师参考。

责任编辑：李笑然　毕凤鸣
责任设计：李志立
责任校对：姜小莲

结构竞赛模型设计

周　耀　黄达海　郭全全　刘　毅　编著

*
中国建筑工业出版社出版、发行（北京海淀三里河路9号）

各地新华书店、建筑书店经销

北京科地亚盟排版公司制版

建工社（河北）印刷有限公司印刷
*
开本：787×1092毫米　1/16　印张：7¾　字数：197千字
2020年1月第一版　2023年9月第二次印刷
定价：25.00元
ISBN 978-7-112-24304-4
（34691）

前　言

为了培养大学生创新意识、团队协作和工程实践能力，切实提高人才培养质量，中国高等教育学会工程教育专业委员会、高等学校土木工程学科专业指导委员会、中国土木工程学会教育工作委员会和教育部科学技术委员会环境与土木水利学部，共同主办全国大学生结构设计竞赛。自2005年举办第一届比赛以来，除2006、2007年停办以外，每年举行一次，一般在每年10月中下旬举行。该项赛事为教育部确定的全国九大大学生学科竞赛之一，是纳入全国创新人才培养暨学科竞赛评估的十八项本科竞赛项目之一，是土木工程学科培养大学生创新精神、团队意识和实践能力的最高水平学科性竞赛，被誉为科学性与艺术性的巅峰对决，每年吸引大量土木工程及其他相关专业的学生参与，具有广泛的影响力。

大学生结构设计竞赛材料简单、命题广泛，且专业门槛低，可以不限专业；竞赛规则以主观分为辅、客观分为主、主辅兼顾，竞赛过程透明公正、公平，深受同学们喜爱。为了选拔合适的队伍参赛，北京航空航天大学每年都举行校级建筑结构设计竞赛，并且设置"大学生建筑结构设计竞赛"课程，为学生提供理论和实践指导。参赛学生主要为大一、大二学生，并且多数为非土木工程专业学生。学生参赛面临着力学知识不够、计算分析能力欠缺、模型制作经验不足等问题，希望能有一本专门指导学生进行竞赛模型设计、制作与分析的指导书，为参赛提供帮助，这就是本书出版的初衷。

全书共9章，分别从绪论、材料力学与结构力学基础知识、结构竞赛模型设计辅助分析、结构设计竞赛模型制作方法、结构竞赛模型设计方法、桥梁结构模型设计与分析、高层结构模型设计与分析、结构设计竞赛作品赏析和建筑结构设计竞赛赛题等方面展开。既有理论知识的讲解、实践操作方法的介绍，又有参赛作品的点评，有利于参赛学生系统备赛，快速提高竞赛水平。

合著者黄达海教授一直担任北京航空航天大学结构设计竞赛总指导，为培养学生参赛倾注大量心血。参赛过程中，对赛题有感而发，写的一篇文章和二篇诗歌作品作为本书附录，供读者欣赏。

由于作者水平有限，书中难免存在不妥之处，恳请各位读者不吝指正！交流邮箱：zhouyao@buaa.edu.cn。

周耀

2019年8月于北京

目　　录

第1章 绪 论

1.1 结构设计竞赛简介

土木工程有着悠久的历史，其专业综合性强，涉及学科面广，基础要求高。学科竞赛是培养专业人才创新能力的重要平台。竞赛旨在培养大学生的学习能力、沟通能力、组织能力、团队协作能力、创新能力和实践能力，提升大学生的综合素质，从而进一步提高本科生培养和教学质量。

目前，赛事主要有全国大学生结构设计竞赛及各省市大学生建筑结构设计竞赛。结构设计竞赛的内容通常为给定某种材料，要求在规定时间内设计并制作出一个结构，通过加载试验，综合考虑各项因素决出获奖奖级。模型材料一般为以竹皮或白卡纸居多，并辅以胶水、线绳等。制作的结构形式有建筑、桥梁等。评分内容一般包含方案设计、理论分析、模型制作、作品介绍与答辩以及模型加载试验等方面。结构加载类比赛，一般在相同加载条件下，结构模型质量轻者获胜或通过模型加载位移与模型质量综合评判。

1. 全国赛

全国大学生结构设计竞赛是由国家教育部、财政部首次联合批准发文（教高函〔2007〕30号）的全国性9大学科竞赛资助项目之一，同时也是纳入中国高等教育学会高校学科竞赛评估体系的18项竞赛之一。该赛事由中国高等教育学会工程教育专业委员会、高等学校土木工程学科专业指导委员会、中国土木工程学会教育工作委员会和教育部科学技术委员会环境与土木水利学部共同主办。其宗旨是：培养大学生的创新意识、合作精神，提高大学生的创新设计能力、动手实践能力和综合素质，加强高校间的交流与合作。2005年，在浙江大学举行了第一届全国大学生结构设计大赛，第二～第十三届分别于2008～2019年在大连理工大学、同济大学、哈尔滨工业大学、东南大学、重庆大学、湖南大学、长安大学、昆明理工大学、天津大学、武汉大学、华南理工大学和西安建筑科技大学举行。从2017年开始逐步实行各省（市）分区赛和全国总决赛。每个参赛队由3名学生组成，可指定1～2名指导教师（3名及以上署名指导组），参赛学生必须属于同一所高校在籍的全日制本科生、专科生，指导教师必须是参赛队所属高校在职教师。

全国竞赛参赛资格：

（1）全国竞赛发起的高校；

（2）承办全国竞赛的高校（3年有效）；

（3）承办省（市）分区赛的高校（当年有效）；

（4）获得全国竞赛特等奖的高校（次年有效）；

（5）省（市）分区赛秘书处按照全国竞赛秘书处分配名额择优推荐的高校（当年有效）；

（6）邀请部分境外的高校。

参加全国竞赛高校总数（或队数）控制在 120 所以内，由全国竞赛秘书处根据当年组织竞赛的实际情况确定。

参加全国竞赛的高校推荐 1 个参赛队，当年承办全国竞赛的高校可推荐 2 个参赛队。

省（市）分区赛可根据所属高校的数量与规模，自行规定高校的参赛队数。

全国竞赛时间安排在每年 10 月中下旬举行。

2. 北京赛

北京市大学生建筑结构设计竞赛由北京市教育委员会主办、北京建筑大学承办。竞赛时间为 3 月初～5 月下旬，决赛时间在 5 月下旬。竞赛共有三组赛题：A 组结构模型制作、B 组（房屋建筑结构方向）结构设计、B 组（桥梁方向）结构设计。竞赛要求各校举办校内初赛并选拔参赛队伍。每校每赛题可选出最多 1 件作品，每件作品作者不超过 6 人，每位参赛者只允许参加一个团队。每件作品指导教师不超过 2 人。

北京市大学生建筑结构设计竞赛截至 2019 年一共举办了八届。从 2017 年开始其 A 组比赛作为全国大学生结构设计竞赛分区赛进行竞赛队伍选拔。北京航空航天大学 2015 年获得 B 组（桥梁方向）结构设计一等奖，2017 年和 2019 年获得 A 组结构模型制作一等奖，2018 年获得 A 组结构模型制作二等奖和最佳创意奖。

1.2 "课程—实践—竞赛三位一体"教学

大学生是新世纪科学技术的掌握者、运用者和创造者，是国家未来高素质劳动者的主力军，是可持续发展的智力支持和人才支撑。通过构建"课程—实践—竞赛三位一体"的教学培养模式，构建高起点、高利用率、学生受益面广的学生自主学习、实践、创新的教学模式，结合本科生导师制构建学生自主创新的拔尖创新人才培养模式。

在实践教学环节中设置"大学生建筑结构设计竞赛"课程有利于教师投入更多时间和精力指导学生，也有利于保障学生参与科技活动的时间，大大提高了学生参与科技活动的热情。通过大学生建筑结构设计竞赛，能够培养学生的土木工程专业综合技能，发掘创新思维，培养创新实践能力，有效克服常规教学实践存在的一些缺点。结构设计竞赛在培养土木工程专业创新型人才方面将起着其他实践环节所无法替代的作用。充分发挥好结构设计竞赛这一平台的作用，能够有效地促进土木工程专业学生创新实践型人才培养模式的形成。

本书首先介绍材料力学与结构力学基础知识，有利于学生在理论指导下开展结构设计，并通过手算进行结构内力分析。利用 ANSYS 有限元软件可以对结构竞赛模型进行辅助分析，实现多参数输入，多结果输出分析，优化结构形式，大大节省结构设计探索时间，提高设计效率。结构设计竞赛模型制作方法的介绍及结构模型设计与分析为学生动手实践提供指导。最后结构设计竞赛作品赏析可以开拓学生视野，提高对竞赛作品的欣赏水平。本书可为学生参加结构设计竞赛提供指导，将大大提高学生设计竞赛作品质量和效率。

第2章 材料力学与结构力学基础知识

结构设计竞赛需要通过对结构模型进行加载，以评判最佳荷质比结构。因此比赛涉及材料力学与结构力学知识。下面对材料力学与结构力学基础知识进行介绍。

2.1 材料力学的任务

建筑物由梁、板、柱和承重墙等构件组成。为了使建筑物能正常工作，需要对构件进行设计，即设计合适的构件尺寸和材料，以确保构件具有足够的强度、刚度和稳定性。

（1）强度：工程材料抵抗断裂和过度变形的力学性能之一。常用的强度性能指标有拉伸强度和屈服强度（或屈服点）。构件在外力作用下必须具有足够的强度才不致发生破坏，即不发生强度失效。

（2）刚度：材料或结构在受力时抵抗弹性变形的能力，是材料或结构弹性变形难易程度的表征。在弹性范围内，刚度是荷载与位移成正比的比例系数，即引起单位位移所需的力。它的倒数称为柔度，即单位力引起的位移。在某些情况下，构件虽有足够的强度，但若刚度不够，即受力后产生的变形过大，也会影响正常工作。因此设计时，必须使构件具有足够的刚度，使其变形限制在工程允许的范围内，即不发生刚度失效。

（3）稳定性：在荷载作用下，构件保持原有平衡状态的能力。例如，受压力作用的细长直杆，当压力较小时，其直线形状的平衡是稳定的；但当压力过大时，直杆不能保持直线形状下的平衡，称为失稳。这类构件须具有足够的稳定性，即不发生稳定失效。

一般说来，强度要求是基本的，只是在某些情况下，才对构件提出刚度要求。至于稳定性问题，只有在一定受力情况下的某些构件才会出现。材料力学的任务就是在满足强度、刚度和稳定性的要求下，为设计既经济又安全的构件，提供必要的理论基础和计算方法。

2.2 材料力学的基本概念

构件所受到的外力包括荷载和约束反力。构件在外力作用下发生变形的同时，将引起内力。实际的物体总是从内力集度最大处开始破坏的，因此只求出截面上的分布内力是不够的，必须进一步确定截面上各点处分布内力的集度。为此，必须引入应力的概念。

1. 应力

为了表示内力在一点处的强度，引入内力集度即应力的概念。

在图 2-1（a）所示受力构件的 m-m 截面上，围绕 C 点取微小面积 ΔA，面积 ΔA 上分布内力的合力为 ΔF，ΔF 的大小和方向与 ΔA 的大小和 C 点位置有关。ΔF 与 ΔA 的比值为：

$$P_{\mathrm{m}} = \frac{\Delta F}{\Delta A} \tag{2-1}$$

P_m 是一个矢量，代表在 ΔA 范围内，单位面积上内力的平均集度。当 ΔA 趋于零时，P_m 趋于一极限，这样得到：

$$P = \lim_{\Delta A \to 0} \frac{\Delta F}{\Delta A} \tag{2-2}$$

P 称为 C 点的应力。为了使应力具有更明确的物理意义，通常将应力 P 分解为垂直于截面的应力 σ 和位于截面内的应力 τ。应力 σ 称为正应力，或称法向应力；应力 τ 称为剪应力，或称切向应力，如图 2-1（b）所示。

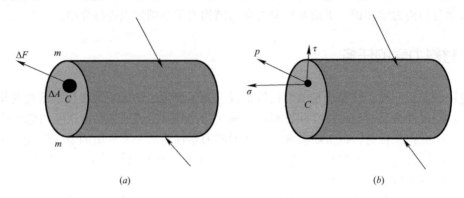

图 2-1　一点处的应力

应力的量纲是 $ML^{-1}T^{-2}$。在国际单位制中，应力的单位名称是帕斯卡，符号为 Pa，也可以用兆帕（MPa）或吉帕（GPa）表示，其关系为：$1MPa = 10^6 Pa$，$1GPa = 10^3 MPa = 10^9 Pa$。

2. 位移和应变

物体受力后，其形状和尺寸都要发生变化，即发生变形。为了描述变形，现引入位移和应变的概念。

线位移：物体中一点或直线相对于原来位置所移动的直线距离称为线位移。角位移：物体中某一直线或平面相对于原来位置所转过的角度称为角位移。如图 2-2 所示四边形，线段 MN 原长为 Δx，受外力作用弯曲后，线段 MN 变形为线段 $M'N'$，长度为 $\Delta x + \Delta s$，线段 MN 线位移为 Δs。线段 ML 角位移为 θ。比值：

$$\varepsilon_{xm} = \frac{\Delta s}{\Delta x} \tag{2-3}$$

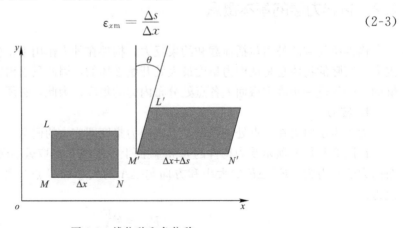

图 2-2　线位移和角位移

表示线段 MN 每单位长度的平均伸长或缩短，称为平均应变。逐渐缩小 M 点和 N 点的距离，当 M 点和 N 点趋于零时则 ε_{xm} 的极限为：

$$\varepsilon_x = \lim_{\Delta x \to 0} \frac{\Delta s}{\Delta x} \tag{2-4}$$

ε_x 称为 M 点沿 x 方向的线应变或简称为应变。线应变是一个量纲为 1 的量。

图 2-2 中线段 MN 与线段 ML 夹角由 $\frac{\pi}{2}$ 变为 $\frac{\pi}{2} - \theta$。当点 N 和点 L 趋近于点 M 时，线段 MN 与线段 ML 夹角变化极限值为：

$$\gamma = \lim_{\substack{\Delta x \to 0 \\ \Delta y \to 0}} \theta \tag{2-5}$$

γ 称为 M 点在 xy 平面内的剪应变或角应变。通常用弧度表示，也是量纲为 1 的量。

线应变和剪应变是描述物体内一点处变形的两个基本量，和正应力与剪应力有联系。

2.3　纯弯曲梁的正应力

设在梁的纵向对称面内，作用大小相等、方向相反的力偶，构成纯弯曲。这时梁的横截面上只有弯矩，因而只有与弯矩相关的正应力。综合考虑几何、物理和静力三方面关系，研究纯弯曲时的正应力。

1. 变形几何关系

根据试验现象有如下平截面假定：垂直于杆件轴线的各平截面（即杆的横截面）在杆件受拉伸、压缩或纯弯曲而变形后仍然为平面，并且同变形后的杆件轴线垂直。根据这一假设，若杆件受拉伸或压缩，则各横截面只作平行移动；若杆件受纯弯曲，则各横截面只作转动。

当梁产生纯弯曲后，梁上部的纵线缩短，下部的纵线伸长；梁上部的横向尺寸略有增加，下部的横向尺寸略有减小。在梁的中间，有一层纵向线既不伸长也不缩短的纵向层，这一层称为中性层。中性层与横截面的交线称为中性轴。

如图 2-3（a）所示纯弯梁，取长为 $\mathrm{d}x$ 的一微段梁，如图 2-3（b）所示。微段梁变形如图 2-3（c）所示。取 y 轴为横截面的纵向对称轴，z 轴为中性轴，中性轴的位置暂时还不知道。现研究距中性层为 y 处的纵向层中任一纵线 ab 的变形。设图 2-3（c）中的 $\mathrm{d}\theta$ 为 m-m 和 n-n 截面的相对转角，ρ 为中性层的曲率半径。

根据几何关系有：

$$\widehat{o'o'} = \mathrm{d}x = \rho \mathrm{d}\theta \tag{2-6}$$

$$\widehat{b'b'} = (\rho + y)\mathrm{d}\theta \tag{2-7}$$

$$\Delta l = \widehat{b'b'} - \widehat{o'o'} = (\rho + y)\mathrm{d}\theta - \rho \mathrm{d}\theta = y\mathrm{d}\theta \tag{2-8}$$

横截面上任一点处的纵向线应变：

$$\varepsilon = \frac{\Delta l}{l} = \frac{y\mathrm{d}\theta}{\rho \mathrm{d}\theta} = \frac{y}{\rho} \tag{2-9}$$

ρ 是常量，故式（2-9）表明，横截面上任一点处的纵向线应变与该点到中性轴的距

离 y 成正比。

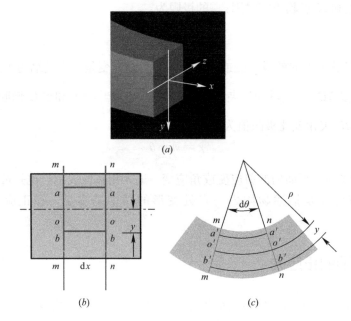

图 2-3　微段纯弯曲梁及其变形

2. 物理关系

每根纵向线受单向拉伸或压缩，当应力小于比例极限时，根据胡克定律 $\sigma = E\varepsilon$ 可以得到：

$$\sigma = E\varepsilon = E\frac{y}{\rho} \tag{2-10}$$

由式（2-10）可见，横截面上各点处的正应力与 y 成正比，而与 z 无关，即正应力沿高度方向呈线性分布，沿宽度方向均匀分布。为了清晰地表示横截面上的正应力分布状况，对横截面为矩形的梁，画出横截面上的正应力分布如图 2-4（a）所示。通常可简单地用图 2-4（b）表示。

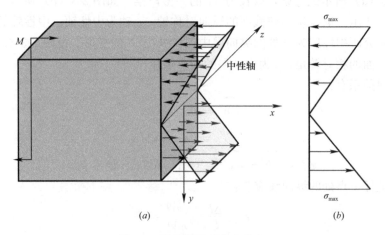

图 2-4　梁横截面正应力分布

但是由式（2-10）还不能计算出正应力，因曲率半径 ρ 和中性轴的位置尚未知，还必须应用静力学关系。

3. 静力学关系

横截面上各点处的法向微内力 $\sigma \mathrm{d}A$ 组成空间平行力系，如图 2-5 所示，它们合成为横截面上的内力。因为横截面上只有对 z 轴的力矩即弯矩，没有轴力，也没有对 y 轴的力矩，故根据静力学中力的合成原理可得：

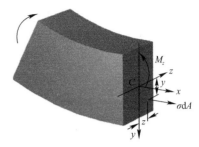

$$F_n = \int_A \sigma \mathrm{d}A = 0 \tag{2-11}$$

图 2-5　横截面的静力学关系

将式（2-10）代入上式，并注意到对横截面积分时 $\dfrac{E}{\rho} =$ 常量，得

$$\int_A y \mathrm{d}A = 0 \tag{2-12}$$

上式表示横截面对中性轴（即 z 轴）的面积矩等于零。因此，中性轴必定通过横截面的形心，从而确定了中性轴的位置。

$$M_y = \int_A z\sigma \mathrm{d}A = 0 \tag{2-13}$$

将式（2-10）代入上式，得

$$\int_A zy \mathrm{d}A = 0 \tag{2-14}$$

上式中的积分即为横截面对 y、z 轴的惯性积 I_{yz}。上式表明，当梁发生平面弯曲时，$I_{yz}=0$。这是梁发生平面弯曲的条件。对所研究的情况，因为 y 轴为对称轴，故这一条件自然满足。

$$M_z = \int_A y\sigma \mathrm{d}A = M \tag{2-15}$$

将式（2-10）代入上式，得：

$$\frac{E}{\rho} \int_A y^2 \mathrm{d}A = M \tag{2-16}$$

上式中的积分即为横截面对中性轴 z 的惯性矩。故上式可写为：

$$\frac{1}{\rho} = \frac{M}{EI_z} \tag{2-17}$$

式中：M 为横截面上的弯矩；I_z 为截面对中性轴 z 的惯性矩；y 是所求正应力点处到中性轴 z 的距离。式（2-17）表明，梁弯曲变形后，其中性层的曲率与弯矩 M 成正比，与 EI_z 成反比。EI_z 称为梁的弯曲刚度，如梁的弯曲刚度越大，则其曲率越小，即梁的弯曲程度越小；反之，梁的弯曲刚度越小，则其曲率越大，即梁的弯曲程度越大。

梁弯曲时，横截面被中性轴分为两个区域。在一个区域内，横截面上各点处产生拉应力，而在另一个区域内产生压应力。由式（2-17）所计算出的某点处的正应力究竟是拉应力还是压应力，有两种方法确定：将坐标 y 及弯矩 M 的数值连同正负号一并代入式（2-17），如果求出的应力是正，则为拉应力，如果为负则为压应力；或根据弯曲变形的形状确定，即以中性层为界，梁弯曲后，凸出边的应力为拉应力，凹入边的应力为压应力。通常按照后面这一方法确定比较方便。

由式（2-17）可知，当 $y = y_{max}$ 时，即在横截面上离中性轴最远的边缘上各点处，正应力有最大值。当中性轴为横截面的对称轴时，最大拉应力和最大压应力的数值相等。横截面上的最大正应力为：

$$\sigma_{max} = \frac{My_{max}}{I_z} \tag{2-18}$$

令 $W_z = \dfrac{I_z}{y_{max}}$，则：

$$\sigma_{max} = \frac{M}{W_z} \tag{2-19}$$

式中：W_z 称为弯曲截面系数，其值与截面的形状和尺寸有关，也是一种截面几何性质。其量纲为 L^3，常用单位为 m^3 或 mm^3。

常见截面的 I_z 和 W_z 如图 2-6 所示：

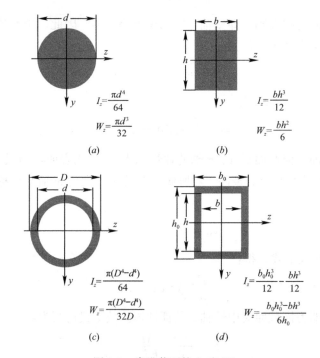

图 2-6　常见截面的 I_z 和 W_z

（a）圆截面；（b）矩形截面；（c）空心圆截面；（d）空心矩形截面

为了用最少的材料设计出抗弯能力最强的杆件，可以将 W_z/A 作为参考指标加以分析考虑。几种常见截面的 W_z/A 见表 2-1 和图 2-7。

常见截面的 W_z/A 　　　　　　　　　　　　　　　表 2-1

截面形状	圆形	矩形	槽钢	工字钢
W_z/A	$0.125h$	$0.167h$	$(0.27\sim0.31)h$	$(0.27\sim0.31)h$

工程中大跨桥梁、钢结构中的抗弯构件经常采用工字形截面、槽形截面或箱形截面

等。从正应力分布规律看，因为弯曲时梁截面上的点离中性轴越远，正应力越大。为了充分利用材料，应尽可能将材料放置到离中性轴较远处。圆截面中性轴附近的材料较多，为了将材料移置到离中性轴较远处，可将实心圆截面改成空心圆截面。至于矩形截面，如把中性轴附近的材料移置到截面上、下边缘处，这就成了工字形截面。采用槽形或箱形截面也是同样的道理。

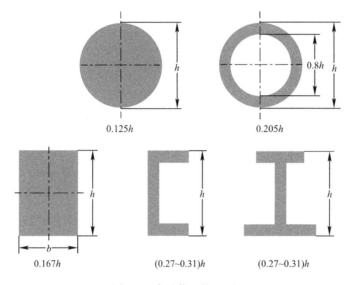

图 2-7　常见截面的 W_z/A

2.4　压杆稳定

1. 压杆稳定性的概念

当受拉杆件的应力达到屈服极限或强度极限时，将引起塑性变形或断裂。长度较小的受压短柱也有类似现象。这些都是由于强度不足引起的失效。

但对于细长的压杆，情况并非如此。细长压杆的破坏并不是由于强度不够，而是由于荷载增大到一定数值后，不能保持其原有的直线平衡形式而破坏。图 2-8 为一端固支的细长压杆。当轴向压力 F 较小时，杆在轴力 F 作用下将保持其原有的直线平衡形式。如在侧向干扰力作用下使其微弯，如图 2-8（a）所示，当干扰力撤除，杆在往复摆动几次后仍回复到原来的直线形式，仍处于平衡状态，可见，原有的直线平衡形式是稳定的。但当压力超过某一数值时，如作用一侧向干扰力使压杆微弯，则在干扰力撤除后，杆不能回复到原来的直线形式，并在一个曲线形态下平衡，如图 2-8（c）所示，可见，这时杆原有的直线平衡形式是不稳定的。这种丧失原有平衡形式的现象称为丧失稳定性，简称失稳。同一压杆的平衡是稳定的还是不稳定的，取决于压力 F 的大小。压杆从稳定平衡过渡到不稳定平衡时，轴向压力的临界值，称为临界力或临界荷载，用 F_{cr} 表示。显然，如 $F<F_{cr}$，压杆将保持稳定；如 $F>F_{cr}$，压杆将失稳。因此，分析稳定性问题的关键是求压杆的临界力。

由于受压杆失稳后将丧失继续承受原设计荷载的能力，而失稳现象又常是突然发生的，所以，结构中受压杆件的失稳常造成严重的后果，甚至导致整个结构物的倒塌。工程上出现较大的工程事故中，有相当一部分是因为受压构件失稳所致，因此对受压杆的稳定问题绝不容忽视。由于杆端的支承对杆的变形起约束作用，且不同的支承形式对杆件变形的约束作用也不同，因此，同一受压杆当两端的支承情况不同时，其所能受到的临界力值也必然不同。工程中一般根据杆件支承条件用"计算长度"来反映压杆稳定的因素。不同材料的压杆，在不同支承条件下，其承载力的折减系数也不同，所用的名称也不同，钢压杆叫长细比，钢筋混凝土柱叫高宽比，砌体墙、柱叫高厚比，但这些都是考虑压杆稳定问题。

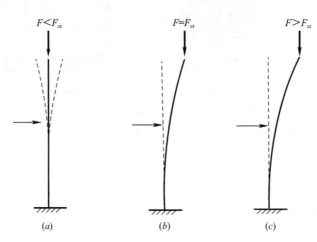

图 2-8　压杆稳定平衡与不稳定平衡

2. 细长压杆的临界力

当细长压杆的轴向压力稍大于临界力 F_{cr} 时，在侧向干扰力作用下，杆将从直线平衡状态转变为微弯状态，并在微弯状态下保持平衡。

以图 2-9 所示两端为球形铰支的细长压杆为例，研究压杆在微弯状态下的平衡，并应用小挠度微分方程以及压杆端部的约束条件，确定压杆的临界力。

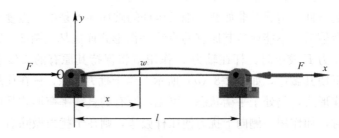

图 2-9　两端铰支的细长压杆

现取图示坐标系，并假设压杆在临界力 F_{cr} 作用下，在 xy 平面内处于微弯状态。距离原点为 x 的任意截面的挠度为 w，弯矩 M 的绝对值为 $F \cdot w$。若只取压力 F 的绝对值，则 w 为正时，M 为负；w 为负时，M 为正。即 M 与 w 的符号相反，所以：

$$M = -Fw \tag{2-20}$$

对微小的弯曲变形，挠曲线的近似微分方程为：

$$\frac{\mathrm{d}^2 w}{\mathrm{d}x^2} = \frac{M}{EI} \tag{2-21}$$

将式（2-20）代入式（2-21）得：

$$\frac{\mathrm{d}^2 w}{\mathrm{d}x^2} + \frac{Fw}{EI} = 0 \tag{2-22}$$

令 $k^2 = \dfrac{F}{EI}$，得：

$$\frac{\mathrm{d}^2 w}{\mathrm{d}x^2} + k^2 w = 0 \tag{2-23}$$

微分方程（2-23）的通解为：

$$w = A\sin kx + B\cos kx \tag{2-24}$$

式中的待定常数 A、B 和 k，可由杆的边界条件确定。由于杆是两端铰支，边界条件为：$x=0$ 时，$w=0$；$x=l$ 时，$w=0$。

由此求得：$B=0$，$A\sin kl=0$。

后面的式子表明，$A=0$ 或 $\sin kl=0$。但因 $B=0$，如 $A=0$，则 $w=0$，即压杆各点处的挠度均为零，这显然与杆微弯的状态不相符。因此，只可能是 $\sin kl=0$。于是

$$kl = n\pi \quad (n=0,1,2,\cdots) \tag{2-25}$$

$$F = \frac{n^2 \pi^2 EI}{l^2} \quad (n=0,1,2,\cdots) \tag{2-26}$$

从理论上说，上式除 $n=0$ 的解不合理外，其他 $n=1$，2，$\cdots$的解都能成立，最小的临界力，即 $n=1$ 的情形。由此得到两端铰支细长压杆的临界力为：

$$F_{\mathrm{cr}} = \frac{\pi^2 EI}{l^2} \tag{2-27}$$

上式是由瑞士科学家欧拉（L. Euler）于 1774 年首先导出的，故又称为欧拉公式。

3. 杆端约束对临界力的影响

杆端约束情况的细长压杆的临界力公式，可由它们微弯后的挠曲线形状与两端铰支细长压杆微弯后的挠曲线形状类比得到。

由图 2-10 可以看出，一端固定一端自由的细长压杆的挠曲线，与两倍于其长度的两端铰支细长压杆的挠曲线相同，即均为正弦曲线。如两杆的弯曲刚度相同，则其临界力也相同。因此，将两端铰支细长压杆临界荷载公式（2-27）中的 l 用 $2l$ 代换，即得到一端固定一端自由细长压杆的临界力公式为：

$$F_{\mathrm{cr}} = \frac{\pi^2 EI}{(2l)^2} \tag{2-28}$$

由图 2-11 可以看出，两端固定的细长压杆的挠曲线具有对称性，在上、下 $l/4$ 处的两点为反弯点，该两点处横截面上的弯矩为零；而中间长为 $l/2$ 的一段挠曲线与两端铰支的细长压杆的挠曲线相同。故只需以 $l/2$ 代换式（2-27）中的 l，即可得到两端固定细长压杆的临界力公式为：

$$F_{\mathrm{cr}} = \frac{\pi^2 EI}{(0.5l)^2} \tag{2-29}$$

由图 2-12 可以看出，一端固定一端铰支的细长压杆的挠曲线只有一个反弯点，其位置大约在距铰支端 $0.7l$ 处，这段长为 $0.7l$ 的一段杆的挠曲线与两端铰支细长压杆的挠曲

线相同。故只需以 $0.7l$ 代换式（2-27）中的 l，即可得到一端固定一端铰支细长压杆的临界力公式为：

$$F_{cr} = \frac{\pi^2 EI}{(0.7l)^2} \tag{2-30}$$

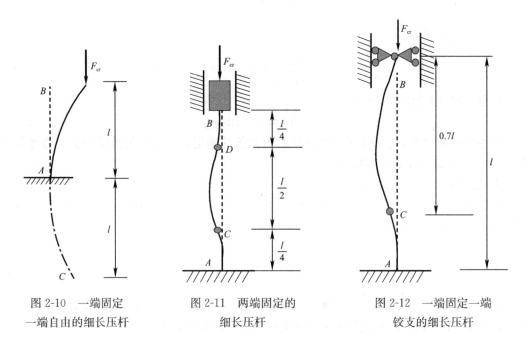

图 2-10　一端固定　　　图 2-11　两端固定的　　　图 2-12　一端固定一端
一端自由的细长压杆　　　　　细长压杆　　　　　　　铰支的细长压杆

上述 4 种细长压杆的临界力公式可以写成统一的形式，即

$$F_{cr} = \frac{\pi^2 EI}{(\mu l)^2} \tag{2-31}$$

式中：μl 为相当长度，μ 为长度系数，其值由杆端约束情况决定。例如，两端铰支的细长压杆 $\mu = 1$；一端固定一端自由的细长压杆 $\mu = 2$；两端固定的细长压杆 $\mu = 0.5$；一端固定一端铰支的细长压杆 $\mu = 0.7$。

式（2-31）又称为细长压杆临界力的欧拉公式。由该式可知，细长压杆的临界力 F_{cr} 与杆的抗弯刚度 EI 成正比，与杆的长度平方成反比；同时还与杆端的约束情况有关。显然，临界力越大，压杆的稳定性越好，即越不容易失稳。

应用细长压杆临界力 F_{cr} 的公式时，有几个问题需要注意：

（1）在推导临界力公式时，均假定杆已在 xy 平面内失稳而微弯，实际上杆的失稳方向与杆端约束情况有关。杆端约束情况在各个方向均相同时，如球铰或嵌入式固定端，压杆只可能在最小刚度平面内失稳。所谓最小刚度平面，就是形心主惯性矩 I 为最小的纵向平面。

杆端约束情况在各个方向不相同时，其长度系数 μ 应取不同的值。此外，如果压杆横截面的 $I_y \neq I_z$，则该杆的临界力应分别按两个方向，各取不同的 μ 值和 I 值计算，并取二者中较小者。并由此可判断出该压杆将在哪个平面内失稳。

（2）以上所讨论的压杆杆端约束情况都是比较典型的，实际工程中的压杆，其杆端约束还可能是弹性支座或介于铰支和固定端之间等。因此，要根据具体情况选取适当的长度

系数 μ 值，再计算其临界力。

（3）在推导上述各细长压杆的临界力公式时，压杆都是理想状态的，即均质的直杆，受轴向压力作用。而实际工程中的压杆，将不可避免地存在材料不均匀、微小的初曲率及微小的压力偏心等现象。因此在压力小于临界力时，杆就发生弯曲，随着压力的增大，弯曲迅速增加，以至压力在未达到临界力时，杆就发生弯折破坏。因此所计算得到的临界力仅是理论值，是实际压杆承载能力的上限值。由这一理想情况和实际情况的差异所带来的不利影响，可以在安全因数内考虑。

（4）在欧拉公式的推导中使用了压杆失稳时挠曲线的近似微分方程，该方程只有当材料处于线弹性范围内时才成立，这就要求在压杆的临界应力 σ_{cr} 不大于材料的比例极限 σ_p 的情况下，方能应用欧拉公式。

4. 提高压杆稳定性的措施

每一根压杆都有一定的临界力，临界力越大，表示该压杆越不容易失稳。临界力取决于压杆的长度、截面形状和尺寸、杆端约束以及材料的弹性模量等因素。因此，为提高压杆稳定性，应从这些方面采取适当的措施。

（1）合理地选择材料。对于大柔度压杆，采用弹性模量 E 值较大的材料能够增大其临界应力，也就能提高其稳定性。由于各种钢材的 E 值大致相同，所以对大柔度钢压杆不宜选用优质钢材，以避免造成浪费。对于中、小柔度压杆，采用强度较高的材料能够提高其临界应力，即能提高其稳定性。

（2）选择合理的截面。在截面积相同的情况下，采用空心截面或组合截面比采用实心截面的抵抗失稳能力高。在抵抗失稳能力相同的情况下，则采用空心截面或组合截面比采用实心截面的用料省。这是由于空心截面或组合截面的材料分布在离中性轴较远的地方，临界力较大。应使压杆在两个纵向对称平面内的柔度大致相等，使其抵抗失稳的能力得以充分发挥。

（3）减小相当长度和增强杆端约束。压杆的稳定性随杆长的增加而降低，因此应尽可能减小杆的相当长度。例如，可以在压杆中间设置中间支承，增强杆端约束，即减小长度系数 μ 值；也可以提高压杆的稳定性，若将两端铰支的细长压杆的杆端约束增强为两端固定，则由欧拉公式可知其临界力将变为原来的 4 倍。

2.5 结构力学的研究对象和任务

结构力学与理论力学、材料力学、弹塑性力学有着密切的关系。理论力学研究刚体，研究力与运动的关系，着重讨论物体机械运动的基本规律，其余三门力学着重讨论结构及其构件的强度、刚度、稳定性和动力反应等问题。其中材料力学以单个杆件为主要研究对象，结构力学以杆件结构为主要研究对象，弹塑性力学以实体结构和板壳结构为主要研究对象。结构设计竞赛模型一般为杆件结构。

如上所述，结构力学的研究对象主要是杆件结构，其具体任务是：

（1）研究结构在荷载等因素作用下的内力和位移的计算。在求出内力和位移之后，即可利用材料力学的方法按强度条件和刚度条件来选择或验算各杆的截面尺寸。

（2）研究结构的稳定性计算，以及动力荷载作用下结构的反应。

（3）研究结构的组成规则和合理形式等问题。

在结构分析中，首先把实际结构简化成计算模型，称为结构计算简图；然后再对计算简图进行计算。结构力学中介绍的计算方法是多种多样的，但各种方法都要考虑下列三方面的条件：

（1）力系的平衡条件或运动条件；

（2）变形的几何连续条件；

（3）应力与变形间的物理条件（或称为本构方程）。

2.6 结构的简化与计算简图

实际结构一般很复杂，完全按照结构的真实情况进行分析计算很难办到，而且从实用观点来看是没有必要的。因此，在计算之前，往往需要对实际结构加以简化，表现其主要特点，略去次要因素，用一个简化图形来代替实际结构，这种图形就称为结构计算简图。结构计算简图是既能反映实际结构的主要受力特性，又便于计算的结构力学模型。简化工作通常包括以下几个方面：

（1）体系的简化：将空间结构简化为平面结构

严格说实际的结构都是空间结构，但是绝大多数空间结构的主要承重结构和力的传递路线，是由几个平面组合而成的。因此在适当的条件下，根据受力状况和特点，可将空间结构分解为几个平面结构，以简化计算。

例如图 2-13（a）所示空间结构模型，力 P 单独作用时，横梁 AE/BF/CG/DH 基本不受力，可以简化为图 2-13（b）所示平面模型；力 F 单独作用时，纵梁 AB/BC/CD/EF/FG/GH 基本不受力，可以简化为图 2-13（c）所示平面模型。

空间结构简化为平面结构是有条件的，要按照具体结构构造、受力特征、几何特征等几方面综合考虑。上例中，几个横向力不等而且相差悬殊时，只能作为空间结构；横向力 F 相等但和 F 平行的各平面刚架尺寸不同且相差悬殊时，只能作为空间结构。

（2）杆件的简化：常以其轴线代表

杆件的长度用节点间距离来计算，杆件自重近似地转移到轴线上去。如图 2-14（a）所示钢筋混凝土屋架，如果只反映桁架主要承受轴力这一特点，则计算时可采用图 2-14（b）所示的计算简图，各杆之间的连接均假定为铰接。这虽然与实际情况不符，但可使计算大为简化，而计算结果的误差在工程上通常是容许的。如果将各杆连接处均视为刚接，则可得到较精确的计算简图 2-14（c）。

（3）支座和节点的简化

将结构与基础或支承部分相连接的装置称为支座。支座的构造形式很多，但在计算简图中，常见的有以下几种：

活动铰支座：支座限制结构沿某一个方向移动。这种支座计算简图如图 2-15（a）所示。

固定铰支座：支座限制结构沿两个方向的运动。这种支座计算简图如图 2-15（b）所示。

固定支座：支座限制结构任何的移动或转动。这种支座计算简图如图 2-15（c）所示。

定向支座：支座限制结构转动和沿一个方向移动，但可沿另一个方向自由移动。这种支座计算简图如图 2-15（d）所示。

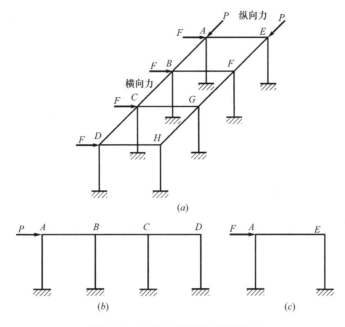

图 2-13　空间结构简化为平面结构

（a）空间结构模型；（b）力 P 单独作用时简化模型；（c）力 F 单独作用时简化模型

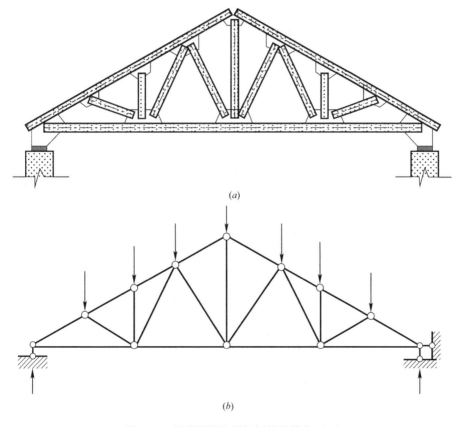

图 2-14　钢筋混凝土屋架杆件的简化（一）

（a）钢筋混凝土屋架；（b）节点铰接结构计算简图

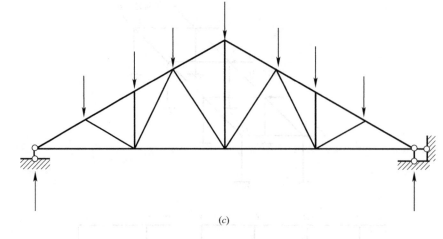

(c)

图 2-14　钢筋混凝土屋架杆件的简化（二）

(c) 节点刚接结构计算简图

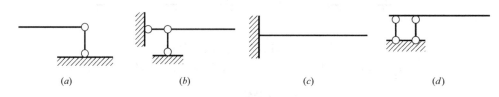

图 2-15　支座计算简图

(a) 活动铰支座；(b) 固定铰支座；(c) 固定支座；(d) 定向支座

节点：各杆件相互连接处称为"节点"——杆件交点。节点形式按各种连接的约束效用及其力学特性区分为：铰节点、刚节点、混合节点（不完全铰节点）、定向节点。

铰节点：铰节点的特征是相互连接的杆件在连接处不能相对移动，但可相对转动，即可传递力，但不能传递力矩。图 2-16 为一木屋架的端节点构造。此时，各杆端虽不能任意转动，但由于连接不可能很严密牢固，因而杆件之间有微小相对转动的可能。实际上结构在荷载作用下杆件间所产生的转动也相当小，所以该节点应视为铰节点。

刚节点：刚节点的特征是相互连接的杆件在连接处不能相对移动和相对转动，既可传递力，又能传递力矩。

混合节点：这是部分刚接、部分铰接的节点。如图 2-17 所示节点，左右水平杆件为刚接，水平杆与竖直杆为铰接。

定向节点：两杆连接起来、相互之间不能发生相对转动而只能沿某一方向发生相对平移的节点。如图 2-18 所示节点，节点只允许剪切平移。

（4）荷载的简化：常简化为集中荷载及线分布荷载

结构承受的荷载可分为体积力和表面力两大类。体积力指的是结构的自重或惯性力等；表面力则是由其他物体通过接触面而传给结构的作用力，如土压力、车辆的轮压力等。在杆件结构中把杆件简化为轴线，因此不管是体积力还是表面力都可以简化为作用在杆件轴线上的力。荷载按其分布情况可简化为集中荷载及线分布荷载。图 2-19 中汽车自重荷载简化为 2 个竖向集中荷载，地面摩擦力简化为 1 个水平集中荷载，结构自重荷载简化为均布荷载。

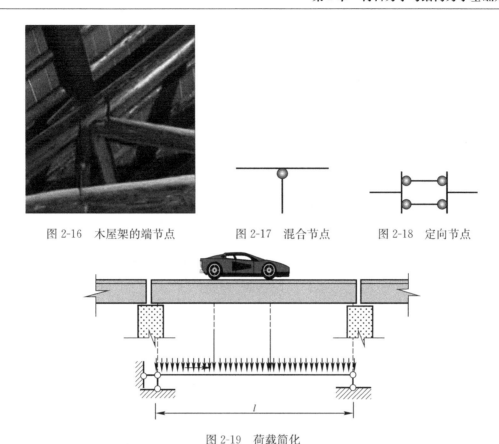

图 2-16　木屋架的端节点　　　图 2-17　混合节点　　　图 2-18　定向节点

图 2-19　荷载简化

2.7　杆件结构的形式与分类

　　结构的类型很多，可以从不同的观点来分类。按照几何特征，结构可分为杆件结构、薄壁结构和实体结构。杆件结构或杆系结构是由长度远大于其他两个尺度即截面的高度和宽度的杆件组成的结构。薄壁结构是指其厚度远小于其他两个尺度即长度和宽度的结构，如板和壳。实体结构则三个方向的尺度相近，如水坝、地基、钢球等。

　　前已指出，结构力学研究的对象主要是杆件结构。

　　按计算特点划分：

　　（1）静定结构：在任意荷载作用下，结构的全部支反力和内力只要根据静力平衡条件就能完全确定。如图 2-20（a）所示。

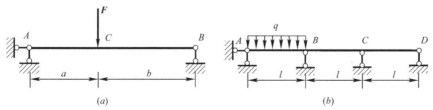

图 2-20　结构按计算特点分类

（a）静定结构；（b）超静定结构

（2）超静定结构：在任意荷载作用下，除应用静力平衡条件外，还需要考虑结构的变形协调条件，才能求得其全部反力和内力。如图 2-20（b）所示。

杆件结构按其受力特性不同又可分为以下几种：

（1）梁。梁是一种受弯杆件，其轴线通常为直线，当荷载垂直于梁轴线时，横截面上的内力只有弯矩和剪力，没有轴力。梁有单跨的和多跨的（图 2-21）。

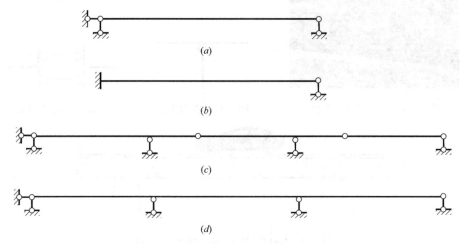

图 2-21　单跨的和多跨的梁

（a）静定梁；（b）超静定梁；（c）静定多跨梁；（d）连续梁

（2）拱。拱的轴线为曲线且在竖向荷载作用下，除产生竖向支反力外，还会产生水平反力（水平推力），这使得拱比跨度、荷载相同的梁的弯矩及剪力都要小。在一般情况下，拱截面内有弯矩、剪力、轴力三种内力，以轴力为主。工程中常用拱有：三铰拱、拉杆拱、两铰拱、无铰拱（图 2-22）。

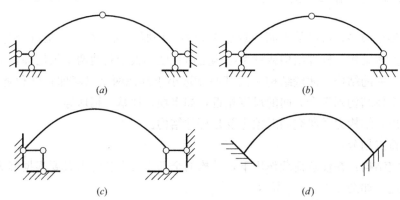

图 2-22　拱

（a）三铰拱；（b）拉杆拱；（c）两铰拱；（d）无铰拱

（3）刚架。刚架由直杆组成并具有刚节点（图 2-23）。各杆均为受弯杆，内力通常有弯矩、剪力和轴力（图 2-23）。

（4）桁架。桁架由直杆组成，但所有节点均为铰节点（图 2-24）。当只受到作用于节点的集中荷载时，各杆只产生轴力。

（5）组合结构。这是由桁架和梁或桁架与刚架组合在一起的结构（图 2-25）。其中有些杆件只承受轴力，另一些杆件同时还承受弯矩和剪力。

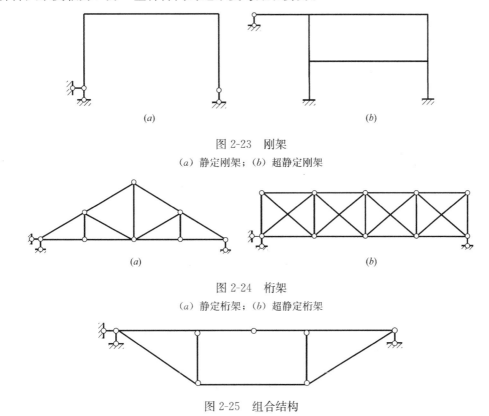

图 2-23　刚架

(a) 静定刚架；(b) 超静定刚架

图 2-24　桁架

(a) 静定桁架；(b) 超静定桁架

图 2-25　组合结构

（6）悬索结构。主要承重构件为悬挂于塔、柱上的缆索。索只受轴向拉力，可最充分地发挥钢材强度，且自重轻，可跨越很大的跨，如悬索屋盖、悬索桥、斜拉桥等。

2.8　静定拱

拱与梁的区别不仅在于杆轴线的曲直，更重要的是拱在竖向荷载作用下会产生水平反力（推力）。拱的内力一般有弯矩、剪力和轴力。由于推力的存在，拱的弯矩常比跨度、荷载相同的弯矩小得多，并且主要是承受压力。这就使得拱截面上的应力分布较为均匀，因而更能发挥材料的作用，并可利用抗拉性能较差而抗压较强的材料，如砖、石、混凝土等来建造，这是拱的主要优点。拱的主要缺点在于支座要承受水平推力，因而要求比梁具有更坚固的地基或支承结构（墙、柱、墩、台等）。可见，推力的存在与否是区别拱与梁的主要标志。凡在竖向荷载作用下会产生水平反力的结构都可称为拱式结构或推力结构。例如，三铰刚架、拱式桁架等均属此类结构。

有时在拱的两支座间设置拉杆来代替支座承受的水平推力，使其成为带拉杆的拱。这样，在竖向荷载作用下支座就只产生竖向反力，从而消除了推力对支承结构的影响。为了使拱下获得较大的净空，有时也将拉杆做成折线形。

拱的各部位名称如图 2-26 所示。拱身各横截面形心的连线称为拱轴线；拱的两端支座处称为拱趾；两拱趾间的水平距离称为拱的跨度；两拱趾的连线称为起拱线；拱轴上距起拱线最远的一点称为拱顶，三铰拱通常在拱顶处设置铰；拱顶至起拱线之间的竖直距离称为拱高（矢高）；拱高与跨度之比称为高跨比，拱的主要性能与其有关，工程中这个值控制在 0.1～1。

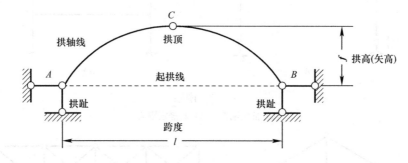

图 2-26　拱的各部位名称

下面讨论在竖向荷载作用下三铰拱的支座反力和内力计算方法。

（1）支座反力的计算

三铰拱是由两根曲杆与地基之间按三刚片规则组成的静定结构，共有四个未知反力（图 2-27）。

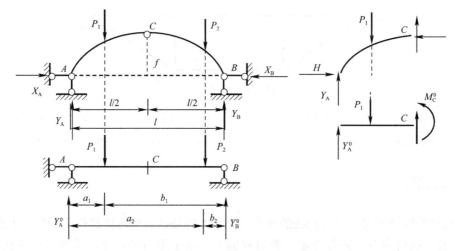

图 2-27　拱的支座反力计算图

取全拱为隔离体可建立三个平衡方程：

$$\sum F_x = 0，得 X_A = X_B = H \qquad (2\text{-}32)$$

$$\sum F_y = 0，得 Y_A + Y_B = P_1 + P_2 \qquad (2\text{-}33)$$

$$\sum M_A = 0，得 P_1 a_1 + P_2 a_2 = Y_B l \qquad (2\text{-}34)$$

取左半拱为隔离体，以中间铰 C 为矩心，根据平衡条件 $\sum F_C = 0$ 得：

$$\sum M_C = 0 \qquad (2\text{-}35a)$$

$$Y_A \frac{l}{2} = Hf + P_1 \left(\frac{l}{2} - a_1 \right) \qquad (2\text{-}35b)$$

联立式（2-32）～式（2-35）可以求解支座反力。

相比较于对应的相同跨度和相同荷载的简支梁，有：

$$Y_A = Y_A^0 \tag{2-36}$$

$$Y_B = Y_B^0 \tag{2-37}$$

$$H = \frac{M_C^0}{f} \tag{2-38}$$

三铰拱的竖向反力与其对应相同跨度和相同荷载的简支梁的反力相等；水平反力与拱轴线形状无关，荷载与跨度一定时，水平推力与拱高成反比。

（2）内力的计算

支座反力求出后，用截面法即可求出拱上任一横截面的内力。任一横截面 K 的位置可由其形心的坐标 x、y 和该处拱轴切线的倾角 φ 确定（图 2-28）。在拱中，通常规定弯矩以使拱内侧受拉者为正。

由图 2-28 所示的隔离体可求得截面 K 的弯矩为：

$$M_K = M_K^0 - Hy \tag{2-39}$$

$$Q_K = Q_K^0 \cos\varphi - H\sin\varphi \tag{2-40}$$

$$N_K = -Q_K^0 \sin\varphi - H\cos\varphi \tag{2-41}$$

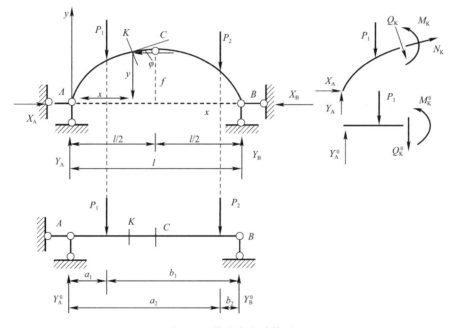

图 2-28　拱的内力计算图

可见三铰拱的内力不但与荷载及三个铰的位置有关，而且与拱轴线的形状有关。由于推力的存在，拱的弯矩比相应简支梁的弯矩要小。三铰拱在竖向荷载作用下轴向受压。

由前已知，当荷载及三个铰的位置给定时，三铰拱的反力就可确定，而与各铰间拱轴线形状无关；三铰拱的内力则与拱轴线形状有关。当拱上所有截面的弯矩都等于零（可以证明，切向剪力也为零）而只有轴力时，截面上的正应力是均匀分布的，材料能被最充分地利用。单从力学角度看，这是最经济的，故称这时的拱轴线为合理拱轴线。可以证明：对称三铰拱在均布荷载作用下的合理拱轴线为抛物线；拱在均匀水压力作用下，合理拱轴线为圆弧；在三铰拱的上面填土，填土表面为一水平面，在填土重量下三铰拱的合理拱轴线是悬链线。

2.9 桁架

1. 桁架的特点和组成

梁和刚架承受荷载后，主要产生弯曲内力，截面上的应力分布是不均匀的，因而材料的强度不能充分发挥。桁架是由杆件组成的格构体系，当荷载只作用在节点上时，各杆内力主要为轴力，截面上的应力基本上分布均匀，可以充分发挥材料的作用。因此，桁架是大跨结构常用的一种形式，在实际工程中被广泛应用。

实际工程中的桁架是比较复杂的，与理想桁架相比，需引入以下假定：

（1）所有的节点都是光滑的理想铰节点；

（2）各杆的轴线都是直线并通过铰的中心；

（3）荷载与支座反力都作用在节点上。

桁架的杆件，依其所在位置不同，可分为弦杆和腹杆两类。弦杆又分为上弦杆和下弦杆。腹杆又分为斜杆和竖杆。弦杆上相邻两节点间的区间称为节间，其间距称为节间长度。两支座间的水平距离，称为跨度。支座连线至桁架最高点的距离称为桁高（图 2-29）。

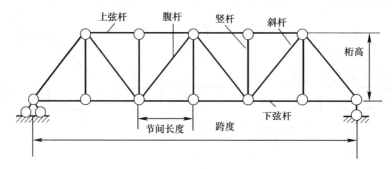

图 2-29　桁架的各部分名称

2. 桁架内力的计算方法

为了求得桁架各杆的内力，可以截取桁架的一部分为隔离体，由隔离体的平衡条件来计算所求内力。若所取隔离体只包含一个节点，就称为节点法；若所取隔离体不止包含一个节点，则称为截面法。内力为零的杆件称为零杆，桁架中的某些杆件可能是零杆，计算前应先进行零杆的判断，这样可以简化计算。

如图 2-30 所示三杆节点根据 $\sum Y=0$，可得 $F=0$。

例题 2-1　判断图 2-31 所示桁架的零杆。

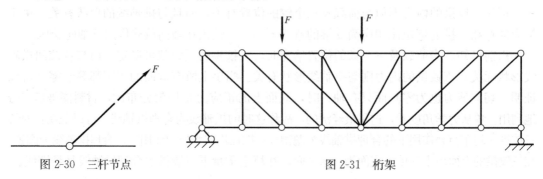

图 2-30　三杆节点

图 2-31　桁架

解： 利用上述力平衡方法可以判断图 2-32 短线标注的全部为零杆。

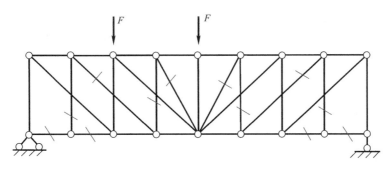

图 2-32　桁架的零杆

例题 2-2　计算图 2-33 所示 K 字形桁架中 a、b 杆的内力。

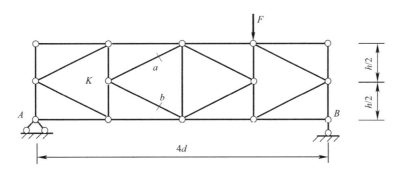

图 2-33　K 字形桁架中 a、b 杆的内力

解： ① 求反力

$$\sum M_A = 0，得 F_{YB} = \frac{F \times 3d}{4d} = \frac{3F}{4}$$

$$\sum Y = 0，得 F_{YA} = \frac{F}{4}$$

② 求内力

取 K 节点为隔离体：

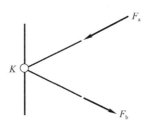

$$\sum X = 0，得 F_a = F_b$$

作 n-n 截面，取左半部分：

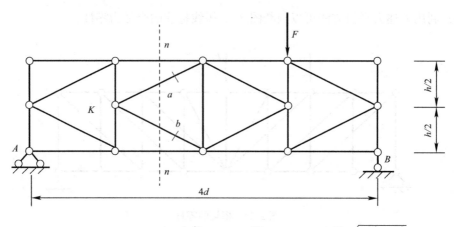

$$\sum Y=0，得\ 2F_\mathrm{a}\ \frac{h/2}{\sqrt{d^2+(h/2)^2}}=\frac{F}{4}，\quad F_\mathrm{a}=F_\mathrm{b}=\frac{F\ \sqrt{4d^2+h^2}}{8h}$$

例题 2-3 计算图 2-34 所示桁架杆 1、杆 2 的内力。

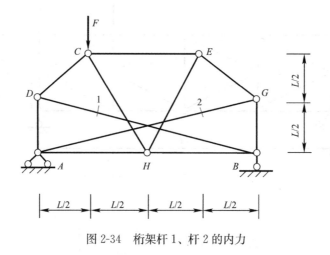

图 2-34 桁架杆 1、杆 2 的内力

解： ① 求反力

$$\sum M_\mathrm{A}=0，得\ F_\mathrm{YB}=\frac{F\times0.5L}{2L}=\frac{F}{4}$$

$$\sum Y=0，得\ F_\mathrm{YA}=\frac{3F}{4}$$

② 求内力

取 m-m 截面，对 O_1 取矩 $\sum M_{O_1}=0$，得：

$$F_1\sin\alpha\times\frac{L}{2}+F_1\cos\alpha\times\frac{L}{2}=\frac{3F}{4}\times\frac{L}{2}+F_2\sin\alpha\times\frac{L}{2}$$

取 n-n 截面，对 O_2 取矩 $\sum M_{O_2}=0$，得：

$$F_2\sin\alpha\times\frac{L}{2}+F_2\cos\alpha\times\frac{L}{2}=\frac{F}{4}\times\frac{L}{2}+F_1\sin\alpha\times\frac{L}{2}$$

其中

$$\sin\alpha=\frac{1}{\sqrt{17}}，\quad\cos\alpha=\frac{4}{\sqrt{17}}$$

解得：
$$F_1 = \frac{\sqrt{17}F}{6} \qquad F_2 = \frac{\sqrt{17}F}{12}$$

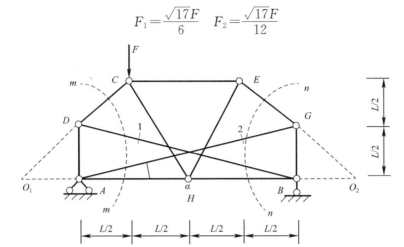

第3章 结构竞赛模型设计辅助分析

结构竞赛模型设计常常借助有限元软件进行辅助分析，以找到结构薄弱环节，加以改进。结构有限元受力分析可以减少模型制作时间，节约材料，提高效率。下面介绍 ANSYS 软件的使用方法，并作实例分析。

3.1 ANSYS 简介

ANSYS 软件是美国 ANSYS 公司研制的大型通用有限元分析（FEA）软件，是世界范围内增长最快的计算机辅助工程（CAE）软件，能与多数计算机辅助设计（CAD, Computer Aided Design）软件接口，实现数据的共享和交换，如 Algor、AutoCAD 等。是融结构、流体、电场、磁场、声场分析于一体的大型通用有限元分析软件。在核工业、铁道、石油化工、航空航天、机械制造、能源、汽车交通、国防军工、电子、土木工程、造船、生物医学、轻工、地矿、水利、日用家电等领域有着广泛的应用。

软件主要包括三个部分：前处理模块、分析计算模块和后处理模块。前处理模块提供了一个强大的实体建模及网格划分工具，用户可以方便地构造有限元模型；分析计算模块包括结构分析（可进行线性分析、非线性分析和高度非线性分析）、流体动力学分析、电磁场分析、声场分析、压电分析以及多物理场的耦合分析，可模拟多种物理介质的相互作用，具有灵敏度分析及优化分析能力；后处理模块可将计算结果以彩色等值线显示、梯度显示、矢量显示、粒子流迹显示、立体切片显示、透明及半透明显示（可看到结构内部）等图形方式显示出来，也可将计算结果以图表、曲线形式显示或输出。

ANSYS 程序提供了两种实体建模方法：自顶向下与自底向上。自顶向下进行实体建模时，用户定义一个模型的最高级图元，如球、棱柱，称为基元，程序则自动定义相关的面、线及关键点。用户利用这些高级图元直接构造几何模型，如二维的圆和矩形以及三维的块、球、锥和柱。无论使用自顶向下还是自底向上方法建模，用户均能使用布尔运算来组合数据集，从而"雕塑出"一个实体模型。ANSYS 程序提供了完整的布尔运算，诸如相加、相减、相交、分割、粘结和重叠。在创建复杂实体模型时，对线、面、体、基元的布尔操作能减少相当可观的建模工作量。ANSYS 程序还提供了拖拉、延伸、旋转、移动、延伸和拷贝实体模型图元的功能。附加的功能还包括圆弧构造，切线构造，通过拖拉与旋转生成面和体，线与面的自动相交运算，自动倒角生成，用于网格划分的硬点的建立、移动、拷贝和删除。自底向上进行实体建模时，用户从最低级的图元向上构造模型，即：用户首先定义关键点，然后依次是相关的线、面、体。

ANSYS 程序提供了便捷、高质量的网格划分功能。包括四种网格划分方法：延伸划分、映像划分、自由划分和自适应划分。延伸网格划分可将一个二维网格延伸成一个三维网格。映像网格划分允许用户将几何模型分解成简单的几部分，然后选择合适的单元属性和网格控制，生成映像网格。ANSYS 程序的自由网格划分器功能是十分强大的，可对复杂模型直接划分，避免了用户对各个部分分别划分，然后进行组装时各部分网格不匹配带来的麻烦。自适应网格划分是在生成了具有边界条件的实体模型以后，用户指示程序自动地生成有限元网格，分析、估计网格的离散误差，然后重新定义网格大小，再次分析计算、估计网格的离散误差，直至误差低于用户定义的值或达到用户定义的求解次数。

在 ANSYS 程序中，载荷包括边界条件和外部或内部作应力函数，在不同的分析领域中有不同的表征，但基本上可以分为 6 大类：自由度约束、力（集中载荷）、面载荷、体载荷、惯性载荷以及耦合场载荷。

（1）自由度约束：将给定的自由度用已知量表示。例如，在结构分析中约束是指位移和对称边界条件，而在热力学分析中则指的是温度和热通量平行的边界条件。

（2）力（集中载荷）：是指施加于模型节点上的集中载荷或者施加于实体模型边界上的载荷。例如，结构分析中的力和力矩，热力分析中的热流速度，磁场分析中的电流段。

（3）面载荷：是指施加于某个面上的分布载荷。例如，结构分析中的压力，热力学分析中的对流和热通量。

（4）体载荷：是指体积或场载荷。例如，需要考虑的重力，热力分析中的热生成速度。

（5）惯性载荷：是指由物体的惯性而引起的载荷。例如，重力加速度、角速度、角加速度引起的惯性力。

（6）耦合场载荷：是一种特殊的载荷，是考虑到一种分析的结果，并将该结果作为另外一个分析的载荷。例如，将磁场分析中计算得到的磁力作为结构分析中的力载荷。

ANSYS 程序提供两种后处理器：通用后处理器和时间历程后处理器。

（1）通用后处理器简称为 POST1，用于分析处理整个模型在某个载荷步的某个子步，或者某个结果序列，或者某特定时间或频率下的结果。

（2）时间历程后处理器简称为 POST26，用于分析处理指定时间范围内模型指定节点上的某结果项随时间或频率的变化情况。

后处理器可以处理的数据类型有两种：一是基本数据，是指每个节点求解所得自由度解，对于结构求解为位移张量，其他类型求解还有热求解的温度、磁场求解的磁势等，这些结果项称为节点解；二是派生数据，是指根据基本数据导出的结果数据，通常是计算每个单元的所有节点、所有积分点或质心上的派生数据，所以也称为单元解。不同分析类型有不同的单元解，对于结构求解有应力和应变等，热求解有热梯度和热流量，磁场求解有磁通量等。

3.2　参数化设计语言（APDL）

ANSYS 程序设计中，命令后的参数有数字及文字，如果结构计算参数发生变化时，命令后的参数也会相应改变，因此必须重新编写程序，这对设计者而言相当不方便。故 ANSYS 提供参数设计语言（ANSYS Parametric Design Language），以更方便的方式进行程序编辑，同时也提高程序的可移植性。ANSYS 参数设计语言，采用高级 FORTRAN 程序语法的方式进行，如参数的定义、数学表达式、循环、逻辑语法、条件区块等，本书将选择重要及常用的部分加以说明。

为更方便编写和运行程序，建议程序采用 UltraEdit 软件编写。UltraEdit 是一套功能强大的文本编辑器，可以编辑文本、十六进制、ASCII 码，完全可以取代记事本，可同时编辑多个文件，而且即使开启很大的文件速度也不会慢。UltraEdit 软件【区块】下拉菜单下【切换区块模式（Alt＋C）】，可以方面地将行模式转换为列模式。在调试程序时，不需要运行的语句，可以统一在行最前面加上"！"，使该部分程序当做注释性语言。为叙述方便，本书默认 ANSYS 软件运行当前文件夹为 d:\work\，程序文件名为 aaaa.txt。

1. 程序的结构

程序分为 3 部分：前处理部分以/PREP7 作为程序第一行，分析计算部分以/SOLU 作为程序第一行，后处理部分以/POST1 或/POST26 作为程序第一行。

2. 程序的运行

方法一：将程序文件名扩展名 txt 改为 mac，保存于 d:\work\。在命令栏直接输入文件名 aaaa，然后回车即可运行。

方法二：在命令栏直接输入/input,aaaa,txt,d:\work\，然后回车即可运行。

方法三：点下拉菜单【file】→【Read input from...】→选择 aaaa.txt 文件→【OK】。

3. APDL 语言

（1）参数

对于命令中数字的部分，都可以参数方式或数学表达式来取代，这是常使用的方式之一。参数的名称为 1 至 8 个字符所组成，第一个字符为英文字母开头，无大小写的限制。但参数的名称请勿与命令的名称相同，以避免混淆。例如，参数的名称为 D、K、NSEL 都不适合作为参数名称。一旦参数定义后，程序中使用到该参数时，即代表该参数的值。

有效的参数名称如下：

AABB   PI   Y-OR-Z   H   C23   Xyz

无效的参数名称如下：

3AA   7CD   数字开头

AB*   N&M   有特殊字符（*、&）

A12345678   超过 8 个字符

表达式见表 3-1：

表达式   表 3-1

$X_1=Y_1+Z_1$	加	$X_1=Y_1*Z_1$	乘
$X_1=Y_1-Z_1$	减	$X_1=Y_1/Z_1$	除
$X_1=(Y_1-Z_1)*C_1$	括号运算	$X_1=((Y_1-Z_1)*C_1)+1$	括号最多四层

函数（标准 FORTRAN）见表 3-2：

函数   表 3-2

ABS(X)	X 的绝对值
EXP(X)	X 的指数次方（e^X）
LOG(X)	X 的自然对数 $\ln(X)$
LOG10(X)	X 的以 10 为底对数 $\ln(X)$
SQRT(X)	X 的平方根
SIN(X)，COS(X)，TAN(X)	三角函数，X 为弧度
ASIN(X)，ACOS(X)，ATAN(X)	反三角函数，输出结果为弧度量，ASIN，ACOS 的范围为 $-\pi/2$ 至 $\pi/2$，ATAN 的范围为 0 至 π

（2）命令介绍

符号"！"表示注释性语句，程序不运行。程序中符号用英文状态输入，不要在中文全角状态下输入。续行在语句前加"＄"。计算单位默认为国际制单位。

Name＝VALUE

定义参数 Name，并将其值定义为 VALUE，这是最常使用的方法之一。如果 VALUE 不赋任何值，则表示删除该参数。

编写程序过程中，材料参数、几何尺寸、荷载大小等尽量不要直接使用数字，而是采用赋值语句。一是在后续写程序不容易出错，二是一旦参数需要修改，很容易实现。

＊SET, Par, VALUE, VAL2...VAL10

定义参数的值。Par 为参数名称，VALUE 为其值，当参数为数组时 VAL2...VAU10 才会使用到，如参数为非数组时，其命令与上述赋值命令功能相同。

＊STATUS, Par, IMIN, IMAX, JMIN, JMAX, KMIN, KMAX

列出 ANSYS 数据库中参数 Par 值的状态。如果省略 Par，则目前所有参数都会列出。

＊GET, Par, Entity, ENTURN, Item1, IT1NUM, IT2NUM

获取（GET）ANSYS 数据库中有关有限元模型及分析结果的值，并赋值给参数 Par，其后变量为想要选取的资料，由于内容太多，请参考帮助菜单详细说明。

例题 3-1　列举常用的 ＊GET 语句

！MAXN 为目前有限元模型中最大节点号码

×GET, MAXN, NODE, NUM, , MAX

！MINN 为目前有限元模型中最小节点号码

＊GET, MINN, NODE, NUM, , MIN

！MAXK 为目前有限元模型中最大关键点号码

＊GET, MAXK, KP, NUM, , MAX

！MINK 为目前有限元模型中最小关键点号码

＊GET, MINK, KP, NUM, , MIN

！KPNUM 为目前有限元模型中关键点总数

＊GET, KPNUM, KP, , COUNT

！LNUM 为目前有限元模型中线段总数

＊GET, LNUM, LINE, , COUNT

！TOTNUM 为目前有限元模型中节点总数

＊GET, TOTNUM, NODE, , COUNT

！X5 为第 5 号节点 X 坐标

＊GET, X5, NODE, 5, LOC, X

！Y1 为第 1 号节点 Y 坐标

＊GET, Y1, NODE, 1, LOC, Y

！MAXE 为有限元模型中最大单元号码

＊GET, MAXE, ELEM, NUM, , MAX

！MINE 为有限元模型中最小单元号码

＊GET, MINE, ELEM, NUM, , MIN

！TOTENUM 为有限元模型中单元总数

* GET,TOTENUM,ELEM,,COUNT

！得到模态分析后当前设定阶数的结构固有频率

* GET,FF,ACTIVE,,SET,FREQ

！YNODE3 为第 3 号节点 Y 方向位移

* GET,YNODE3,NODE,3,U,Y

（3）条件区块

具有条件选项的不同命令的方式可采用 IF-ELSE-ENDIF 的语法。

…

* **IF,A,EQ,0,THEN**

…

  Block1

…

* **ELSEIF,A,EQ,1,THEN**

…

  Block2

…

* **ELSEIF,A,EQ,2,THEN**

…

  Block3

…

* **ELSE**

…

  Block4

…

* **ENDIF**

（4）循环

循环语法用于一组命令具备规则参数数值，其语法如下：

* **DO,Par,IVAL,FVAL,INC**

…

命令

…

* **ENDDO**

Par——参数名称；IVAL——参数起始值；FVAL——参数最终值；INC——参数变化量（默认 1）。

3.3 有限元模型建立

空间中任何一点通常可用笛卡尔坐标、圆柱坐标或球面坐标来表示该点的坐标位置，不管是哪种坐标系统都需要 3 个参数表示该点的正确位置。每一个坐标系统都有其确定代号，笛卡尔坐标的代号为 0，圆柱坐标的代号为 1，球面坐标的代号为 2。要定义一个节点时，要先确定在哪种坐标系统下，笛卡尔坐标为 ANSYS 的默认坐标系统，即进入 ANSYS 程序便是笛卡尔坐标，不需要作任何声明，在笛卡尔坐标下，屏幕的水平方向为 X 轴，垂直方向为 Y 轴，屏幕向外方向为 Z 轴。上述的 3 个坐标系统也称为整体坐标系统。在某些情况下也可定义区域坐标系统，以辅助节点的定义。

命令介绍：

LOCAL,KCN,KCS,XC,YC,ZC,THXY,THYZ,THZX,PAR1,PAR2

定义区域坐标系统。该命令执行后，ANSYS 坐标系统自动更改为新建立的坐标系统，故可以定义许多区域坐标系统，以辅助有限元模型的建立，只要在定义节点前确定在何坐标系统即可。

KCN：该区域坐标系统代号，大于 10 的任何一个号码都可以，其作用好比前述的 0、1、2。

KCS：该区域坐标系统的属性。

KCS=0 笛卡尔坐标系；

KCS=1 圆柱坐标系；

KCS=2 球面坐标系；

KCS=3 圆环坐标系。

XC、YC、ZC：该区域坐标与整体坐标系统原点的关系。

THXY、THYZ、THZX：该区域坐标与整体坐标系统 X、Y、Z 轴的关系。

THXY=旋转 Z 轴的角度（X 向 Y）；

THYZ=旋转 X 轴的角度（Y 向 Z）；

THZX=旋转 Y 轴的角度（Z 向 X）。

CSYS,KCN

声明坐标系统。系统默认为笛卡尔坐标系（CSYS，0）。KCN 为坐标系统代号，表示在哪种坐标系统下定义节点。

/UNITS,LABEL

声明单位系统。表示分析时所用的单位。LABEL 表示系统的单位，常用的有下列 4 种：

LABEL=SI（公制，m，kg，s，K）

LABEL=CGS（公制，cm，g，s，℃）

LABEL=BFT（英制，ft，slug，s，℉）

LABEL=BIN（英制，in，lbf·s^2/in，s，℉）

N,NODE,X,Y,Z,THXY,THYZ,THZX

定义节点。号码编排顺序不影响分析结果，节点的建立也不一定要连号，但为了方便元素的连接及数据管理，在定义节点前先行规划节点号码，以利于有限元模型的建立。在圆柱坐标系统下 X、Y、Z 对应于 R、θ、Z，在球面坐标系统下 X、Y、Z 对应于 R、θ、ϕ。

NODE：欲建立节点的号码。

X、Y、Z：节点在目前坐标系统下的坐标位置。

NDELE，NODE1，NODE2，NINC

删除已建立的节点。如果建立的节点位置不对或欲删除已建立的节点，可用该命令删除或消除。如果节点已连接成单元则无法删除该节点，在此情况下必须先删除该节点所隶属的单元。

NODE1、NODE2、NINC：欲删除节点的范围。ANSYS 对于选取对象有其特别的语法，其基本概念为对象起始号码（NODE1）、对象终止号码（NODE2）及对象起始与终止之间相隔号码（NINC），后面有相当多命令的参数使用该语法。

NPLOT，KNUM

节点显示。该命令是将现有笛卡尔坐标系统下的节点显示在图形窗口中，以供使用者参考及查看模块的建立。模型的显示为软件重要功能之一，以检查建立的对象是否正确。有限元模型建立的过程中，经常会检查各个对象（节点、单元）建立的正确性及相关位置，包含不同视角、对象号码等，所以图形显示为有限元模型建立过程中不可缺少的步骤。KNUM=0 表示不显示号码，KNUM=1 表示显示号码。

NLIST，NODE1，NODE2，NINC，LCOORD，SORT1，SORT2，SORT3，KINTERNAL

节点列示。该命令将现有笛卡尔坐标系统下节点的资料列示于窗口中（会打开一个新窗口），使用者可检查其所建节点的坐标点是否正确，并可将资料保存为一个文件。

FILL，NODE1，NODE2，NFILL，NSTRT，NING，ITIME，INC，SPACE

节点填充命令是在现有的坐标系统下自动将两节点间填充许多节点，两节点间填充的节点个数及分布状态视其参数而定，系统的设定为均分填满。NODE1、NODE2 为欲填充点的起始节点号码及终结节点号码，例如两节点号码为 1（NODE1）和 6（NODE2），则平均填充 4 个节点（2、3、4、5）介于节点 1 和 6 之间。

NGEN，ITIME，INC，NODE1，NODE2，NINC，DX，DY，DZ，SPACE

节点复制（Node Generation）命令是在现有坐标系统下将一组节点复制到其他位置。

ITIME：复制的次数，包含自己本身。

INC：每次复制时节点号码的增加量。

NODE1、NODE2、NINC：选取要复制节点，即有哪些节点要复制。

DX、DY、DZ：在现有坐标系统下，每次复制时几何位置的改变量。

当节点建立完成后，必须使用适当单元，将结构按照节点连接成单元，并完成其有限元模型。单元选用正确与否，将决定其最后分析结果。ANSYS 提供了多种不同性质与类别的单元，每一个单元都有不同编号，例如，LINK1 是第一号单元、BEAM3 是第三号单元。每个元素号码前的名称可判断该单元适用范围或其形状，基本上单元形状可分为 1-D 线单元、2-D 平面单元及 3-D 立体单元。1-D 线单元由两点连接而成，2-D 平面单元由三点连接成三角形或四点连接成四边形，3-D 立体单元可由八点连接成六面体、四点连接成角锥体或六点连接成三角柱体。

每个单元都有详细的用法说明，可参阅单元使用手册或在线辅助说明。单元使用手册中含该单元用于哪种结构分析、节点连接方式、节点的自由度、单元材料特性、单元几何特性、外力负载及分析结果的输出等。

建立单元前必须先行定义使用者欲选择的单元形式号码、单元材料特性、单元几何特性等，当上述特性确定后便可依该单元节点连接方式建立单元。单元形式号码、单元材料特性、单元几何特性等，只要在建立单元前说明即可，故可位于建立节点之前或之后，为了利于程序协调性，一般习惯进入/PREP7 后，就先定义单元形式号码及其相关资料。

ET，ITYPE ENAME，KOPT1，KOPT2，KOPT3，KOPT4，KOPT5，KOPT6，INOPR

单元类型为构成结构系统所含的单元种类，例如，桌子可考虑为由桌面平面单元及桌脚梁单元所组合而成，故有两个单元类型。桁架结构可考虑全部为杆单元所组合而成，故有一个单元类型。ET 命令是由 ANSYS 单元库中选择某个单元并定义为该结构分析所使用的单元类型号码。

ITYPE：单元类型号码，通常由 1 开始，请勿将此参数和 ANSYS 单元编号混淆。例如，某结构需要自 ANSYS 元素库中选取 3 种单元（BEAM3、PLANE42、SOLID45）组合而成，故将 3 种单元选取后，分别给予 3 种单元一个单元类型号码，表示在此结构分析中，第一单元类型号码是 BEAM3，第二单元类型号码是 PLANE42，第三单元类型号码是 SOLID45。

ENAME：ANSYS 单元库的名称，即使用者所选择的单元。

KOPT1～KOPT6：单元特性编码，在单元表中有详尽的说明。例如，LINK1 无需任何单元特性编码，BEAM3 的 KOPT6＝1 时，表示分析后的结果可输出节点的力及力距。

MP，Lab，MAT，C0，C1，C2，C3，C4

定义材料特性（Material Property），材料特性为固定值时，其值为 C0，当其值随温度而变，由 C1～C4 所控制，对初学者而言，使用者可视材料特性为固定值。

MAT：对应前面所定义单元类型号码（ITYPE），表示该组材料特性属于 ITYPE。

Lab：材料特性的类别，任何单元具备何种材料特性的类别在单元表中都有说明。例如：杨式系数（Lab＝EX、EY、EZ），密度（Lab＝DENS），泊松比（Lab＝NUXY、NUYZ、NUZX），剪力模数（Lab＝GXY、GYZ、GXZ），热膨胀系数（Lab＝ALPX、ALPY、ALPZ），热传导系数（Lab＝KXX、KYY、KZZ），比热（Lab＝C）。

C0：材料特性类别的值。

R，NSET，R1，R2，R3，R4，R5，R6

R 命令为所定义单元类型的几何特性（实常数）。

NSET：该实常数的号码，通常也从 1 开始。

R1～R6：所定义单元类型几何特性的值，任何单元具备何种几何特性在单元表中皆有说明，输入顺序必须与单元表的顺序相对应。

例如，LINK1 单元，其实常数有 AREA、ISTRN，则 R1 对应于 AREA，R2 对应于 ISTRN。SOLID45 单元无任何实常数，故不需要此命令。BEAM3 单元实常数有 AREA、IZZ、HEIGHT、SHEARZ、ISTRN、ADDMAS，R1 至 R6 分别对应于相应值，但不一定全部都会使用到，故仅输入必要的参数即可。

E，I，J，K，L，M，N，O，P

定义单元的连接方式，单元表已对该单元连接顺序作出了说明，通常 2-D 平面单元节点顺序采用顺时针或逆时针都可以，但结构中所有单元并不一定全采用顺时针或逆时针顺序。3-D 八节点六面体单元，节点顺序采用对应面的顺时针或逆时针皆可。当单元建立后，该单元的属性便由前面所定义的 ET、MP、R 来决定，故单元定义前一定要定义 ET、MP、R。I～P 为定义单元节点顺序的号码。

EPLOT

单元显示，该命令是将现有单元在笛卡尔坐标系下显示在图形窗口中，以供使用者参考及建立、查看模块。

ELIST

单元列示命令是将现有单元的资料，在笛卡尔坐标系下列示于窗口中。使用者可检查其所建单元的属性是否正确。

EDELE,IEL1,IEL2,INC

删除或消除单元。如果建立单元的节点不对，可用该命令删除或消除。删除后原先单元号码仍存在，继续建构单元的号码将采用系统现在的最大编号，但可用命 NUMCMP，ELEM 将单元号码重新排列。IEL1，IEL2，INC 是欲删除单元的范围。

EGEN,ITIME,NINC,IEL1,IEL2,IEINC,MINC,TINC,RINC,CINC,SINC,DX,DY,DZ

单元复制是快速建立单元的有效方法之一。EGEN 命令是将一组单元在现有坐标系下复制到其他位置，但条件是必须先行建立节点，节点之间的号码有所关联。

ITIME：复制的次数，包含自己本身。

NINC：每次复制单元时，对应节点号码的增加量。

IEL1、IEL2、IEINC：选取的复制单元。

DX、DY、DZ：每次复制时在现有坐标系下，几何位置的改变量。

/PNUM,Label,KEY

在有限元模块图形中显示号码，以检查所建立的模块各对象（节点、单元等）的相关位置及其号码。

Label：欲显示对象的名称。

=NODE 节点

=ELEM 单元

=KP 关键点

=LINE 线

=AREA 面积

=VOLU 体积

KEY=0 不显示号码（系统默认）

=1 显示号码

例题 3-2 输入梁几何形状参数。

! 定义杨氏弹性模量 ys,也可使用 * set,ys,3.0e+10

ys=3.0e+10

! 定义参数

width=0.1	! 梁宽
height=0.2	! 梁高
length=3	! 梁长
ar=width * height	! 梁截面面积
ia=width * (height * * 3)/12	! 梁截面惯性矩

```
/prep7                     ! 进入前处理
et,1,beam3                 ! 定义单元类型为梁单元
r,1,ar,ia,height           ! 定义实常数
mp,ex,1,ys                 ! 定义杨氏弹性模量
n,1,0,0                    ! 节点 1 的 X 和 Y 坐标
n,11,length,0              ! 节点 11 的 X 和 Y 坐标
fill,1,11                  ! 节点 1 和节点 11 间进行节点填充
* status                   ! 列出所有参数
```

3.4　模型单元网格划分

1. 网格化的步骤

实体模型建立之后，网格化有限元模型的建立，需要进行 3 个步骤：

（1）建立、选取单元的数据；

（2）设定网格建立所需的参数；

（3）产生网格。

第一个步骤是建立单元的数据，这些数据包括单元的种类（TYPE）、单元的几何常数（R）、单元的材料性质（MP），及单元形成时所在的坐标系统，也就是说当对象进行网格化后，单元的属性是什么。当然，可以设定不同种类的单元，相同的单元又可设定不同的几何常数，也可以设定不同的材料特性，以及不同的单元坐标系统。

单元的数据设定后，第二个步骤即可进行网格划分所需的参数设定，最主要的在于定义对象边界（即线段）单元的大小与数目。网格设定所需要的参数将决定网格的大小、形状，这一个步骤非常重要，将影响分析时的正确性及经济性。网格太细也许会得到较好的结果，但并非网格细就是最好的结果，因为网格太密太细，会造成占用大量的分析时间。有时较细的网格与较粗的网格比较起来，较细的网格分析的精确度只增加百分之几，但占用的计算机资源相比较粗的网格，却增加数倍之多，同时较细的网格在复杂的结构中，常会造成不同网格划分时连接的困难，这一点需要特别注意。

完成前两个步骤后，即可进行对象的网格化，并完成有限元模型的建立，如果不满意网格化的结果，也可清除网格化，重新定义单元的大小、数目，再进行网格化，直到建立满意的有限元模型。

实体模型网格可分为自由网格（Free Meshing）及对应网格（Mapped Meshing）。两种不同的网格化对于建构实体模型过程有相当大的影响。自由网格时实体模型的建立简单，无较多限制。对应网格时，实体模型的建立较复杂，有较多的限制。

网格产生，首先依照自由网格或对应网格的限制进行实体模型的建立。使用者把握其中一个原则，2-D 平面结构可进行全部面积对应网格化，自由网格化或两种网格混合。采用混合网格化时，对应网格先产生，再进行自由网格化。3-D 立体结构可进行全部体积对应网格化或自由网格化，两种网格混合化暂时不介绍。可在 /PREP7 中任何位置声明单元特性。单元大小一定在实体模型建完之后声明，声明方式可在线段建立后立刻声明，或整个实体模型完成后逐一声明。一般而言，采用线段建立后立刻声明比较方便且不易出错，

35

例如，声明线段数目和大小后，对象复制时其属性将会一起复制。完成上述动作之后便可进行网格化命令。网格化过程也可逐步进行，即实体模型对象完成至某阶段即进行网格化，如所得结果满意，继续建立其他对象及网格化该对象。也可以所有模型建立完成后，再统一进行网格化。网格化基本流程如下：

```
/prep7
！声明所有单元特性
et,1
mp,ex,1
r,1
et,1
mp,ex,1
r,2
！建立实体模型
k,,
l,,
a,
v,,
！声明单元大小、形状、网格种类
lesize,,
kesize,
esize,
smrtsize,
mshkey,
mshape,
！进行网格化 x 可替换为(k、l、a、v)
xatt,1,1,1      ！或者用 mat,1 $ real,1 $ type,1
xmesh
xatt,2,1,2      ！或者用 mat,2 $ real,1 $ type,2
xmesh
```

2. 命令介绍

MSHKEY,KEY

声明网格时使用自由网格化（KEY＝0，系统默认）、对应网格化（KEY＝1）或对应网格及自由网格混合（KEY＝2），但对应网格化优先考虑，而且 SMRTSIZE 命令将不起作用。KEY＝2 时，适用于 2-D 实体模型，并不适用于 3-D 实体模型，因为 3-D 网格中不允许六面体单元及角锥单元共存。如果实体模型不符合对应网格的需求，执行该命令则会产生错误消息。

MSHAPE,KEY,Dimension

声明网格化时单元的形状。2-D 实体模型（Dimension＝2D）时采用四边形（KEY＝0）或全部为三角形（KEY＝1）。虽然对应网格的系统默认单元为四边形和六面体，仍可利用该命令，强制单元为三角形和角锥。

LESIZE,NL1,SIZE,ANGSIZ,NDIV,SPACE,KFORC,LAYER1,LAYER2

定义所选择的线段进行单元网格化时单元的大小，单元的大小可用线段的长度（SIZE）或该条线段要分割单元的数目（NDIV）来确定。SPACE 为间距比，最后一段长与最先一段长的比值，正值代表以线段的方向为基准，负值代表以中央为基准，系统默认为等间距。NL1＝ALL 为目前所有的线段。

ESIZE,SIZE,NDIV

该命令以目前所有对象为基准，也就是全部线段（不含 LESIZE、KESIZE 所定义的线段），定义单元网格化时单元的大小。单元的大小可以用单元的边长（SIZE）或者线段分成元素的数目（NDIV）来确定。

SMRTSIZE,SIZLVL,FAC,EXPND,TRANS,ANGL,ANGH,GRATIO,SMHLC,SMANC,MX-ITR,SPRX

该命令用于自由网格化时，在网格大小的高级控制（不含 LESIZE、KESIZE、ESIZE 所定义的线段）中，系统默认值就不起作用。一般由 DESIZE 控制元素大小，DESIZE 及 SMRTSIZE 是互相独立的命令，仅能存在一个，执行 SMRTSIZE 命令后 DESIZE 自动无效了。该命令可由两个层面输入，第一个是对所有参数自行调整，对初学者而言，请暂时不考虑；第二个是利用系统默认的等级输入（SIZVAL）。每一个等级都已设定其后的参数值，共有十级，系统的默认值为第六级，级数越高网格越粗。该命令利用目前实体模型线段长度、曲率自行进行最佳网格化。

以上控制每一条线段单元数目及大小的命令，只有 LES1ZE 所定义的线段用 LPLOT 可以看到线段分割的状态。LESIZE、KESIZE 为区域性命令，仅限于所选择的线段及点，ES1ZE、SMRTS1ZE、DESIZE 为整体性命令，除前述已定义外，适用于其他所有线段。就权限而言，LESIZE＞RESIZE＞ESIZE＞SMRTSIZE。也就是说 LESIZE 所定义的结果不会因 KESIZE 或 ESIZE 而改变，反之 ESIZE 所定义的结果可由高权限命令更改，重复定义的线段以最新定义为准。

总之，程序默认为自由网格，元素形状以四边形、六面体优先，三角形、角锥体次之，不需特别定义 MSHKEY 及 MSHAPE。网格化时，如果实体模型可以对应网格化，而且相对应边长不是差很多，则必定以对应网格化优先考虑进行。否则强行使用 MSHKEY 进行对应网格。

LMESH,NL1,NL2,NINC

将一组线段进行网格化。若 NL1＝ALL，则 NL2，NINC 都忽略，网格化目前所有线段。**AMESH、VMESH** 命令类似，分别进行面积和体积网格化。

LCLEAR,NL1,NL2,NINC

将网格化一组线段上节点与单元清除。**ACLEAR、VCLEAR** 命令类似，分别进行面积和体积上节点与单元清除。

3.5　荷载施加与结构分析

ANTYPE,Antype,Status

声明分析类型（Analysis Type），进入/SOLU 后，必须先声明该命令欲进行哪种分析，系统默认为静态分析。

Antype ＝STATIC or 0 静态分析（系统默认）

＝BUCKLE or 1 屈曲分析

＝MODAL or 2 模态分析

＝HARMIC or 3 调和外力动力系统分析

＝TRANS or 4 瞬时动力系统分析

F，NODE，Lab，VALUE，VALUE2，NEND，NINC

定义节点上的集中力（Force）。

NODE：节点号码。

Lab：外力的形式。

Lab ＝FX、FY、FZ、MX、MY、MZ（结构力学的力方向、力矩方向）；

＝HEAT（热学的热流量）；

＝AMPS、CHRG（电学的电流、电荷）；

＝FLUX（磁学的磁通量）。

VALUE：外力的大小。

NODE、NEND、NINC：选取施加力节点的范围。

D，Node，Lab，VALUE，VALUE2，NEND，NINC，Lab2，Lab3，Lab4，Lab5，Lab6

定义节点自由度（Degree of freedom）的限制。

NODE、NEND、NINC：选取自由度约束节点的范围。

Lab：相对单元的每一个节点受自由度约束的形式。

结构力学：UX、UY、UZ（线位移），ROTX、ROTY、ROTZ（旋转位移）。

热学：TEMP（温度）。

声学：PRES（压力），UX、UY 或 UZ（FSI 耦合元件的位移）。

磁学：MAG（标量磁位能），AX、AY 或 AZ（向量磁位能）。

电学：VOLT（电压），EMF（电动势）。

扩散：CONC（浓度）。

Lab2～Lab6：每个节点根据单元不同最多有 6 个自由度，前项的 Lab 只能定义其中一个自由度，故其他自由度约束由此定义。如该节点全部自由度约束都相同，则声明 Lab＝ALL 即可。

NSEL，Type，Item，Comp，VMIN，VMAX，VINC，KABS

选择有限元模型单元节点（Node Selection）。

Type：选择方式。

Type ＝S 选择一组节点为 Active 节点（系统默认）；

＝R 在现有 Active 节点中，再选择某些节点为 Active 节点；

＝A 再选择某些节点，加入现有 Active 节点中；

＝U 在现有 Active 节点中，排除某些节点；

＝ALL 选择全节点为 Active 节点。

Item：资料卷标（Label of Data）。

Item ＝NODE 用节点号码选取；

＝LOC 用节点坐标选取。

Comp：资料卷标分量。

Comp ＝无（Item＝NODE）；

　　　＝X(Y、Z) 表示节点 X(Y、Z) 坐标，当 Item＝LOC。

VMIN、VMAX、V1NC：选取范围，Item＝NODE 其范围为节点号码，Item＝LOC 其范围为 Comp 坐标的范围。

SOLVE

开始求解。

例题 3-3　通用模态分析程序。

```
/solu
antype,modal            ! 模态分析
modopt,lanb,10,         ! 求解前 10 阶频率
allsel
solve                   ! 求解
fini
```

3.6　后处理

PLDISP，KUND

显示（Plot）结构受外力的变形（Displacement）结果。

KUND＝0 显示变形后的结构形状。

KUND＝1 同时显示变形前及变形后的结构形状。

KUND＝2 同时显示变形前及变形后的结构形状，但仅显示结构外观。

PLESOL，Item，Comp，KUND，Fact

显示（Plot）单元（Element）的解答（Solution）。以轮廓线方式表达，会有不连续的状态，通常 2-D 和 3-D 单元适用。

Item	Comp	
S	X,Y,Z,XY,YZ,XZ	单元应力
EPEL	X,Y,Z,XY,YZ,XZ	单元弹性应变
S	1,2,3	主应力
EPEL	1,2,3	主应变
S	EQV	等效应力
EPEL	EQV	弹性等效应变
F	X,Y,Z	结构力
M	X,Y,Z	结构力矩

PLNSOL，Item，Comp，KUND，Fact，FileID

显示（Plot）节点（Node）的解答（Solution）。以连续轮廓线方式表达，会有连续的状态，故通常用此命令而不用 PLESOL。Item 和 Comp 的用法与 PLESOL 大致相同。

Item	Comp	
U	X,Y,Z,SUM	结构位移
ROT	X,Y,Z,SUM	结构转角
S	X,Y,Z,XY,YZ,XZ	单元应力
EPEL	X,Y,Z,XY,YZ,XZ	单元弹性应变
S	1,2,3	主应力
EPEL	1,2,3	主应变
S	EQV	等效应力
EPEL	EQV	弹性等效应变
TEMP		温度

PRESOL,Item,Comp

打印（Print）单元（Element）的解答（Solution）。

Item	Comp	
S	COMP 或空格	单元应力（X,Y,Z,XY,YZ,XZ）
EPEL	COMP 或空格	单元弹性应变（X,Y,Z,XY,YZ,XZ）
F		单元力（X,Y,Z）
M		单元力矩（X,Y,Z）

PRNSOL,Item,Comp

打印（Print）节点（Node）的解答（Solution）。

Item	Comp	
U	X,Y,Z,COMP	结构位移
ROT	X,Y,Z,COMP	结构转角
TEMP		温度
S	COMP	单元应力（X,Y,Z,XY,YZ,XZ）
S	PRIN	主应力、等效应力
EPEL	COMP	单元弹性应变
EPEL	PRIN	主应变、等效应变

以上命令，对于 2-D 及 3-D 单元，可以充分显示一般结构受外力后的结果，但有些 1-D 单元的结果无法用图形表示，如杆单元的应力、梁单元的剪力、弯矩与应力状态等，可用 ETABLE 命令，将某些单元结果制成表格，以提供在/POST1 中对结构资料进行处理与显示。

ETABLE,Lab,Item,Comp,Option

例题 **3-4** 模态分析后显示模态动画。

```
/post1                                   ! 后处理
set,,,10,,,,1,                           ! 第 1 阶
pldisp,,
anmode,10,0.5,,0                         ! 模态动画
```

例题 3-5　通用读取频率数据程序。

```
/post1
* cfopen,pinlv,txt,d:\work\
nsel,all
* do,i,1,10                                      ! 10 阶频率
set,1,i
* get,ff,active,,set,freq
* vwrite,i,ff
('freqency',f3.0,'=',f12.4)
* enddo
* cfclos
```

例题 3-6　读取位移、应力数据程序。

```
/prep7
* get,maxe,elem,,num,max                         ! 最大单元号
* dim,shj,,maxe                                   ! 位移数组
* dim,stresse,,maxe                               ! 应力数组
/post1
etab,,u,y
etab,zzzz,smisc,1
* get,node3,node,3,u,y                            ! 得到 3 号节点 Y 向位移
* vget,stresse(1),elem,1,etab,zzzz                ! 得到所有梁单元的轴力
* cfopen,se,txt,d:\work\
* vwrite,stresse(1)
(e12.5)
* cfclos
```

3.7　实例分析

例题 3-7　第十二届全国大学生结构设计竞赛赛题

```
! 前处理，建立模型
/prep7
r1＝0.55                                          ! 外半球半径
r2＝0.375                                         ! 内半球半径
r3＝0.26                                          ! 加载点外半球半径
r4＝0.15                                          ! 加载点内半球半径
/pnum,kp,1                                        ! 显示关键点号
numkp＝8                                          ! 初始建模关键点数
numcopy＝8                                        ! 复制模型数量
addnumkp＝1000                                    ! 关键点号增量
```

```
! 读入关键点坐标
*dim,a1(1),,numkp                              ! x 坐标
*vread,a1(1),zbx,txt,d:\work1\input\
(1f5.0)
*dim,a2(1),,numkp                              ! z 坐标
*vread,a2(1),zbz,txt,d:\work1\input\
(1f5.0)
*do,i,1,numkp
k,i,a1(i)*0.001,,a2(i)*0.001
*enddo
*get,knum1,kp,,num,max
*do,i,1,0.5*numkp-1
1,i,i+1
*enddo
*do,i,0.5*numkp+1,numkp-1
1,i,i+1
*enddo
*do,i,2,0.5*numkp
1,i,i+0.5*numkp
*enddo
*do,i,1,0.5*numkp-1
1,i,i+0.5*numkp+1
*enddo
! 旋转复制形成模型
local1,12,1,r1,,
lgen,numcopy,all,,,0,45,0,add
numkp,,,                                        ! 关键点编号增加 1000
csys,0                                          ! 回到笛卡尔坐标系,否则
                                                   得到的不是线段,是圆弧

! 水平杆件连接
*do,i,1,numcopy-1
1,2+(i-1)*addnumkp,2+i*addnumkp
*enddo
1,2,2+(numcopy-1)*addnumkp
*do,i,1,numcopy-1
1,6+(i-1)*addnumkp,6+i*addnumkp
*enddo
1,6,6+(numcopy-1)*addnumkp
*do,i,1,numcopy-1
```

```
1,3+(i-1)*addnumkp,3+i*addnumkp
*enddo
1,3,3+(numcopy-1)*addnumkp
*do,i,1,numcopy-1
1,7+(i-1)*addnumkp,7+i*addnumkp
*enddo
1,7,7+(numcopy-1)*addnumkp
```

！加水平斜撑

```
*do,i,1,numcopy-1
1,2+(i-1)*addnumkp,6+i*addnumkp
*enddo
1,6,2+(numcopy-1)*addnumkp
*do,i,1,numcopy-1
1,3+(i-1)*addnumkp,7+i*addnumkp
*enddo
1,7,3+(numcopy-1)*addnumkp
nummrg,all
numcmp,all
```

！建模完成

！定义单元类型,赋予材料属性、单元实常数

```
et,1,beam4                     ！梁单元
mp,ex,1,1e10                   ！弹性模量
mp,nuxy,1,0.31                 ！泊松比
mp,dens,1,789                  ！密度
zuhigh=0.005                   ！竹皮杆件截面高度
r,1,zuhigh*zuhigh,1/12*zuhigh*zuhigh*zuhigh*zuhigh,1/12*zuhigh*zuhigh
*zuhigh*zuhigh,,              ！实常数
```

！划分单元

```
lmesh,all
```

！求解

```
/solu
```

！注意单位,初始数据用毫米,此处需变为米

！外圈4点

```
node1=node(r3+r1,r3,a2(3)*0.001)
node2=node(r3+r1,-r3,a2(3)*0.001)
node3=node(-r3+r1,r3,a2(3)*0.001)
node4=node(-r3+r1,-r3,a2(3)*0.001)
f,node1,fz,-55        ！施加节点力        5.5kg
f,node2,fz,-55        ！施加节点力        5.5kg
```

| f,node3,fz,−55 | ！施加节点力 | 5.5kg |
| f,node4,fz,−55 | ！施加节点力 | 5.5kg |

！内圈 4 点

node5＝node(r4＋r1,r4,a2(8) * 0.001)

node6＝node(r4＋r1,−r4,a2(8) * 0.001)

node7＝node(−r4＋r1,r4,a2(8) * 0.001)

node8＝node(−r4＋r1,−r4,a2(8) * 0.001)

f,node5,fz,−55	！施加节点力	5.5kg
f,node6,fz,−55	！施加节点力	5.5kg
f,node7,fz,−55	！施加节点力	5.5kg
f,node8,fz,−55	！施加节点力	5.5kg

nsel,s,loc,z,0

| d,all,all,0 | ！施加节点约束 |

nsel,all

| solve | ！求解 |

fini

！后处理

/post1

！结构位移变形

pldisp,0

！模型质量

/post1

！将单元体积存于类似于表格的 table 之中

！相当于点击 Element table->Define Table->Geometry->Volu

etable,evol,volu,

！求取表格中所有体积之和,相当于点击 Sum of Each Item

ssum

！将取得的总体积赋给变量 vtot

* get,vtot,ssum,,item,evol

！用密度乘以总体积 vtot 得到总质量

dens1＝789

* set,weight,dens1 * vtot

例题 3-8 拱桥建模实例：竹质拱桥跨度 1m，拱肋高度 0.2m。竹材弹性模量 6×10^9 MPa，密度 790kg/m³，泊松比 0.31。拱肋形状为悬链线。

！输入数据

* set,ec,6e9	！材料弹性模量
* set,pai,3.14159	！圆周率
hgl＝0.2	！拱肋高度
kua＝1	！跨度

```
ffff=hgl/kua                                          ! 矢跨比
numdy=10                                              ! 拱肋单元数目,设为偶数
rr1=0.012                                             ! 半径 1
rr2=0.01                                              ! 半径 2
rr3=0.015                                             ! 半径 3
ac1=pai * rr1 ** 2                                    ! 面积
ic1=0.25 * pai * rr1 ** 4                             ! 惯性矩
ac2=pai * rr2 ** 2                                    ! 面积
ic2=0.25 * pai * rr2 ** 4                             ! 惯性矩
ac3=pai * rr3 ** 2                                    ! 面积
ic3=0.25 * pai * rr3 ** 4                             ! 惯性矩
midu=790                                              ! 密度
posong=0.31                                           ! 泊松比
ee=2.71828                                            ! 自然对数的底数
mmmm=1.347                                            ! 悬链线方程参数
! 进入前处理
/prep7
et,1,link1
et,2,beam3
! 桥面实常数和材料
r,1,ac1,ic1,rr1 * 2
mp,ex,1,ec
mp,prxy,1,posong
mp,dens,1,midu
! 吊杆实常数
r,2,ac2
! 拱肋实常数
r,3,ac3,ic3,rr3 * 2
! 根据拱轴线方程建模
! 拱肋梁单元
* do,i,1,numdy+1
xzb=(i-1) * kua/numdy-0.5 * kua
ks=xzb/(0.5 * kua) * log(mmmm+sqrt(mmmm ** 2-1))
yzb=ffff-ffff/(mmmm-1) * ((ee ** ks+ee ** (-ks))/2-1)
                                                      ! 悬链线方程
n,i,xzb,yzb
* enddo
! 定义单元属性
type,2
```

```
real,3
mat,1
* do,i,1,numdy
e,i,i+1
* enddo
! 桥面梁单元
* do,i,1,numdy+1
n,i+numdy+1,(i-1) * kua/numdy-0.5 * kua
* enddo
! 定义单元属性
type,2
real,1
mat,1
* do,i,1,numdy
e,i+numdy+1,i+numdy+2
 * enddo
! 吊杆单元
! 定义单元属性
type,1
real,2
mat,1
* do,i,2,numdy
e,i,i+numdy+1
* enddo
finish
! 进入求解分析
/solu
d,1,all
d,numdy+1,all
d,numdy+2,all
d,numdy * 2+2,all
! 施加重力
acel,,9.8
! 施加节点荷载
f,0.5 * numdy+1,fy,-100
allsel,all
! 求解
solve
! 进入后处理
```

/post1

etab,,u,y

！得到拱顶节点位移

* get,shj22,node,0.5 * numdy,u,y

如果将 yzb 坐标统一下移，可以得到不同形式拱桥，如图 3-1 所示。根据受力情况可以调整杆件截面尺寸、杆件分段数量等，优化结构参数。APDL 参数化语言设计优势明显显现。

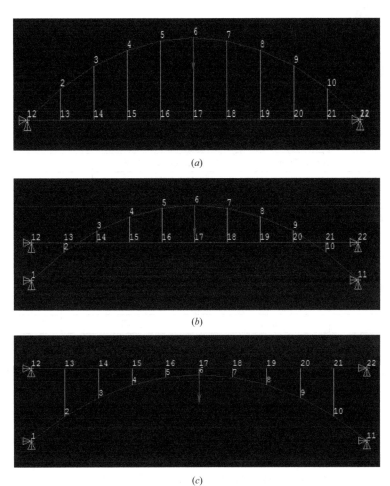

图 3-1　不同形式拱桥

（a）下承式拱桥；（b）中承式拱桥；（c）上承式拱桥

第4章 结构设计竞赛模型制作方法

4.1 竹材性能

结构设计竞赛用材料有竹材或白卡纸，本书仅讨论竹材。2018 年全国大学生结构设计竞赛竹材规格及用量见表 4-1。竹材参考力学指标见表 4-2。

竹材规格及用量   表 4-1

竹材规格		竹材名称	数量
竹皮	1250mm×430mm×0.50mm	本色侧压双层复压竹皮	2 张
	1250mm×430mm×0.35mm	本色侧压双层复压竹皮	2 张
	1250mm×430mm×0.20mm	本色侧压单层复压竹皮	2 张
竹条	900mm×6mm×1mm		20 根
	900mm×2mm×2mm		20 根
	900mm×3mm×3mm		20 根

注：竹条实际长度为930mm。

竹材参考力学指标   表 4-2

密度	顺纹抗拉强度	抗压强度	弹性模量
0.8g/cm³	60MPa	30MPa	6GPa

竹材属于各向异性材料，其三维力学性能十分复杂，且变异性较大。不同部位、竹龄、含水率的竹材力学性能均不相同。竹子主要由纤维厚壁细胞即维管束和纤维薄壁细胞即基体组成，维管束沿轴向整齐排列，对竹材的力学性能贡献最大，使竹材具有较高的强度和刚度。竹材不同部位细胞大小、形状、维管束密度、纤维含量各不相同。研究表明，竹杆上部比下部的力学强度大；竹壁外侧比内侧的力学强度大；竹节较节间材的抗弯强度、顺纹抗压和抗拉强度都有一定程度的降低，但抗劈强度和横纹抗拉强度有明显提高。随着竹龄增加竹材力学性能也会逐步提高；但当竹杆老化变脆时，强度反而下降。

含水率对竹材的轴向（顺纹）抗压、抗拉、抗剪强度及弹性模量等力学性能影响很大。气干后竹材的力学性能要优于新鲜竹材；但当竹材处于绝干条件下时，因质地变脆反而下降。研究表明，当含水率在 30% 以内时，随含水率的增高圆竹力学性能下降很快；当含水率大于 30% 后，圆竹力学性能的劣化并不明显。

4.2 模型制作工具

模型制作工具有 502 胶水、砂纸、切割刀、直尺、三角尺、量角器、铅笔、橡皮擦、镊子、橡胶手套等。砂纸打磨杆件端部，获得所需要的杆件精确尺寸，打磨杆件节点处接触面以增加接触，打磨时需谨慎打磨，勿露出竹皮丝状物。铅笔、直尺在竹皮上绘制杆件平面设计图。切割刀切割修剪竹皮。为防止胶水粘手，可用镊子夹持细小构件，使用橡胶手套防护双手，也可以用胶布缠绕指尖。

4.3　模型制作常见问题

1. 杆件长细比过大

杆件长细比过大会导致结构加载时失稳，可以采用分层加以解决（图 4-1）。

2. 结构扭转

结构抗扭有效解决方法是加斜撑（图 4-2）。

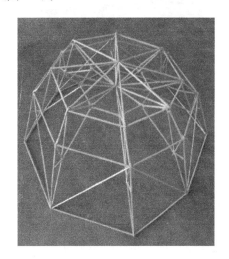

图 4-1　杆件长细比过大　　　　　　图 4-2　结构扭转

3. 底部节点间有横杆

为减小模型质量，取消横杆，不影响整体结构受力（图 4-3）。

4. 最上部截面缺横杆

为减小结构不均匀受力和增强结构整体性能，最上部截面需加水平杆件（图 4-4）。

5. 安全系数过大，模型质量过大

评分规则中荷质比一般是最重要的评分标准。模型质量过重，即使加载成功，也难以取得好成绩。模型设计与制作可以先保证承载力，再进行质量优化（图 4-5）。

6. 忽视细节处理

例如，基础粘贴不牢固，即使制作了一个最精细的结构，但是基础少涂了一点胶，最后结构没有破坏，基础却掀起来了。再例如，节点缝隙未填实，形成结构薄弱点，结构破坏从节点处开始。

图 4-3　底部节点间有横杆

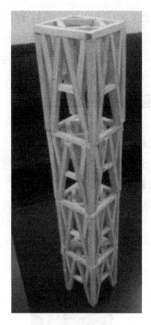

图 4-4　最上部截面缺横杆　　　　图 4-5　模型质量过大

4.4　模型制作流程

1. CAD3D 建模辅助设计

确定模型的结构形式后，可用 CAD3D 建模绘出其效果图，然后通过量取杆件的尺寸得出杆件平面设计图（对于异形杆件尤为重要），方便杆件的制作与安装。

2. 杆件制作

（1）用铅笔绘制外皮轮廓（图 4-6）。

图 4-6　竹皮上绘图

（2）通过剪刀或夹板刀沿轮廓线裁断（图 4-7）。

（3）由于竹皮质地粗糙，将裁剪完的竹条用砂纸打磨，打去竹皮的毛边，这样便于502 胶的粘合（图 4-8）。

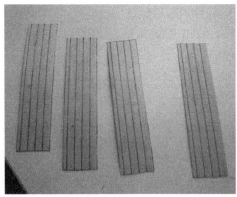

图 4-7　竹皮裁断

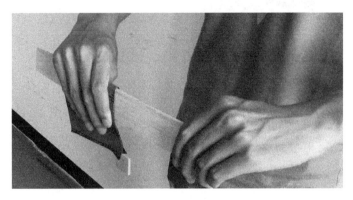

图 4-8　竹条打磨

（4）轻轻划过外皮四个面之间的缝隙，沿划过的痕迹轻轻折起外皮，方便杆件粘合。但不要完全裁断，以保留部分强度，防止杆件受力时外皮之间崩开（图 4-9）。

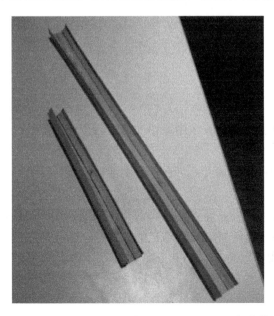

图 4-9　竹皮截面折叠

3. 杆件内部肋制作

（1）画出要制作肋的形状，沿肋的宽度方向轻轻刻划，不需刻断，以方便折叠（图 4-10）。

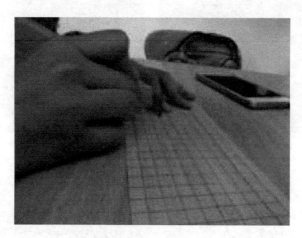

图 4-10　竹皮上刻划肋

（2）沿长度方向裁下肋条，并将肋按照最后形状折好待用（图 4-11）。

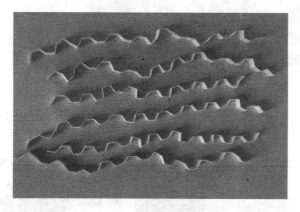

图 4-11　裁剪肋条

4. 杆件的粘接

（1）粘接时借助镊子摆好肋后即可滴胶，注意胶水用量切勿过多，以防增加杆件不必要的重量（图 4-12）。

（2）为增加节点处的接触面积和增加杆件的强度，可在杆件端部加一横隔（图 4-13）。

5. 杆件的整体拼装

确定所有类型杆件的根数及制作质量无误后，即可开始模型整体拼装。建议制备杆件时，可多做几根同类型的杆件备用，拼接模型时可以选用精良的杆件。

（1）先将基本构件所需拼接的位置用铅笔标记，后拼接。拼接时下部设透明胶或报纸，防止构件与桌子相连，且拼接杆件时注意根据内部肋的方向及杆件的受力形式确定杆件的放置方式（图 4-14）。

（2）拼接中不易粘合的节点可加竹皮，增加接触面以加大节点强度（图 4-15）。

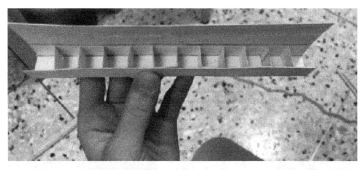

图 4-12　粘接肋条

图 4-13　杆件端部横隔

6. 模型的节点处理

模型节点受力较大且受力复杂，难于计算，并且由于设计和制作误差，在节点处难免存在缝隙，因此有必要对节点进行缝隙填塞和节点加强处理。

（1）缝隙填塞

胶水的品种不同，密度也不一样，一般在 $1.1 \sim 2.0 \mathrm{g/cm^3}$ 之间，竹皮密度为 $0.8 \mathrm{g/cm^3}$，建筑结构设计竞赛称为"一克的艺术"，为了尽可能减轻模型的质量，节点缝隙需用竹皮填满，然后滴上胶水即可。胶水滴注过的竹皮强度会有一个较大的提升，这样的做法并不会削弱节点的连接（图 4-16）。

图 4-14 杆件的准备

图 4-15 杆件的节点粘接

图 4-16 节点缝隙填塞

（2）节点加强

模型节点处受力复杂，是整个结构模型中的薄弱环节，在结构设计大赛中很多的破坏都是由节点破坏引起的，因此在结构设计与制作时还应综合考虑各方面因素来选择适合的方法加强节点连接。常用方法有：贴薄片法、加楔法、交错粘贴法、拉竹条法和裹丝状竹材法。

"贴薄片法"是在节点处加一块薄片，可以控制结点刚度，使得模型整体刚度增加，操作简单，在提高节点强度和模型整体刚度的同时，模型自重的增加却很小。"加楔法"是在节点处的各个杆件之间加上楔子，增大连接点之间的接触面积，使得相接于一点的各杆件之间的粘结更为牢固，能很好地控制各杆件在节点处的位移，从而控制了挠度。"交错粘贴法"采用两构件表面重叠粘结的方法，将节点处使用的竹片交错粘贴，通过增大两杆件的有效接触面积消除节点过小的各种不利因素，提高构件间的稳定和刚度要求。"拉竹条法"即利用竹条良好的韧性和强度，将位于结构同一平面内的节点用竹条交叉粘结。这种做法的好处是竹条质量轻，可将此节点处的荷载传递到其他处，大大减少了节点处的危险荷载。"裹丝状竹材法"是将竹皮折断，撒开取出丝状物，然后缠裹节点。此方法对于多个杆件共节点的加固，简单高效。

第5章 结构竞赛模型设计方法

5.1 审题

拿到结构设计竞赛赛题后，第一步认真阅读赛题，吃透比赛规则，充分利用比赛规则。只有充分了解赛题要求，准确把握比赛规则，才能做到有的放矢，更好地指导模型设计与制作。

赛题一般包括比赛概况、比赛材料和工具、模型尺寸要求、加载方式、模型现场安装、加载及测试步骤和评分规则。通过阅读赛题，至少需提炼以下四点信息：

1. 模型尺寸

赛题一般会给出模型尺寸的限值。例如，"第四届北航大学生建筑结构设计竞赛赛题"要求模型固定在组委会提供的500mm×500mm的底板上，用热熔胶固定。该结构外轮廓尺寸高度为800mm（误差±3mm），平面尺寸不大于100mm×100mm。制作模型必须要严格按赛题要求尺寸进行，否则尺寸不符合要求，直接淘汰。结构模型平面尺寸不大于100mm×100mm，只是对最大平面投影作了规定，但是模型形状可以选择方形或圆形等。模型平面尺寸过小会导致长细比过大，影响结构稳定；平面尺寸过大，又会增加模型结构质量。因此，模型的尺寸应保持在一定范围内，通过理论分析和模型试验取得各方面的平衡。

在整个模型设计与制作过程当中，参赛者应反复进行规则审读和讨论，对于不太明确的细节则务必在模型制作前向组委会进行询问并获得明确答复，避免因对规则误解而导致无法参赛。

2. 支承形式

支承形式对结构设计的影响很大，直接关系到模型的结构形式和理论分析。例如，"第五届北航大学生建筑结构设计竞赛赛题"要求"结构可以仅采用竖向支撑的方式，也可以采用竖向和侧向同时支撑的方式来实现约束"。选择支撑形式不同，直接影响模型的质量，同时影响模型的传力路径。

有的竞赛底座采用热熔胶固定，有的采用自攻螺丝固定。相应底部处理方式也会不同。有的竞赛只提供竖向支承，而水平约束则较弱，甚至不提供。因此，对于悬索和有水平推力的结构，往往受该条件限制而无法运用，此时应考虑采取其他方式，如系杆拱等。

3. 荷载类型与加载方式

包括荷载形式、布载方式、加载流程、最大荷载等。

对于静载试验，一般用砝码或者其他代替的重物（沙包、铁块等）进行加载；对于动载试验，荷载形式多种多样，有利用铁球自重冲击、利用鼓风机模拟风荷载、振动台模拟地震作用，还有利用一定重量的牵引式可移动小车进行加载等。

4. 评分规则

例如，"第四届北航大学生建筑结构设计竞赛赛题"评分规则包括计算书及设计图、结构选型与制作质量、现场表现和加载表现。分别占 10 分、10 分、5 分和 75 分。其中加载表现是比重最大的指标。从比赛经验来看，最终的竞赛成绩基本由加载表现指标决定，因此，参赛者务必在加载表现上进行足够仔细的研究。

对于大多数比赛模型，质量是一个关键指标。制作模型应先保证承载力，再进行质量优化，承载力上不去质量再轻也没意义。

5.2　结构选型

充分了解材料的性能，根据材料与规则选择结构体系。选择正确的结构形式，即"结构选型"，是取得优异成绩的前提。一个好的结构形式，不仅体现了选手清晰明确的力学概念，还可以很好地表达选手的设计构思和创新思维。

结构选型一般从命题要求出发，再结合结构专业知识，通过比较、分析、计算、试验等，确定模型的结构形式。为此，参赛者应在设计之前，通过查阅资料，了解、补充和学习相关知识。

模型选型原则为"大胆假设，小心求证"。假设时，须防止赛题示意图的模型束缚思路，也不得被常见模型约束，应勇于借鉴创造。求证时，须运用相关力学知识或分析软件，对所选型的可行性与合理性进行严密的论证。

1. 构件类型

构件设计原则为"材料合理，局部加强"。同时对于某一局部，若多重加强后仍不理想，应考虑构建整体加强（如修改界面尺寸等）。结构造型须考虑材质特点：竹皮的受拉性能要好于受压。传力路径要明确，力的传递路径要短，例如，图 5-1（b）所示力传递路径短于图 5-1（a）所示力传递路径。造型要简洁、美观、新颖。

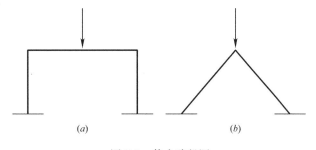

图 5-1　传力路径图

杆件的截面形式常见的有矩形、圆形、三角形等形状。为得到更大的抗弯刚度，截面一般做成空心，也可以在杆件内部加肋，以增强整体稳定性。矩形截面杆件制作简单，正方形截面各向受剪能力相同，适用于双向组合受压，也适于轴心受压，单向受剪力时，材料未能充分利用；长方形截面适用于单向受剪，材料利用充分。矩形截面中间空心大，受偏心力时易失稳。三角形截面相对于矩形截面，减少一个截面，用料少，三角形结构稳定，不易失稳，但是节点连接复杂。圆形截面各向受压受剪性能都很好，用料少，但节点连接困难。

对于桥梁结构体系来说，一般分为梁桥、拱桥、悬索桥及组合体系四类，而结构竞赛中经常采用的是梁桥和拱桥两种。从全国各高校的比赛情况来看，大多数模型均采用空腹式梁桥——桁架桥结构。这种桥型不仅制作简单、计算方便、理论与实际吻合情况较好，而且可以通过变桁高来实现竖向抗弯刚度沿桥长方向的变化，从而最大程度减轻结构自重。

当然在结构选型时，我们更应该充分结合比赛实际，发散思维，大胆创新，这也是大赛精神的要求。

2. 连接方式

杆件间的连接可以参考木结构的连接方式，主要通过胶水粘接来完成。

3. 结构整体性

结构选型还要考虑整体性。梁柱尺寸协调，防止局部杆件过弱，影响整体承载力。同时，考虑结构扭转和失稳问题，最好通过构造措施尽可能规避模型结构扭转和失稳破坏。

5.3 结构设计

在准确审读竞赛要求、基本确定结构形式之后，接下来一个核心环节就是结构设计。参赛者主要依据结构设计基本原理，针对加载条件的要求和限制，进行合理的结构布局设计。

结构设计是一个循序渐进的过程，它不是一蹴而就的，也不是一成不变的，而是需要在整个竞赛准备过程中不断地进行优化和改进。

一方面要求设计者根据不同的材料性能和受力特性，设计不同的构件截面。如杆件受压，尽可能做成空心结构，增大结构截面惯性矩，提高抗弯刚度；如果杆件受拉，宜做成实心结构。

另一方面要求设计者根据结构受力特点，整体考虑结构受力的薄弱部位，有针对性地进行加强。以承受荷载的桁架梁桥模型为例，当荷载作用于跨中时，简支梁的弯矩图呈倒三角形的形式。跨中截面弯矩最大，最可能发生破坏，由此可以加大跨中截面的竖向抗弯刚度。

结构设计还需要考虑材料的特性，譬如竹皮各向异性、抗拉强度优于抗压强度、含水率对材料性能的影响等。同时也要考虑到模型制作的可操作性、材料性能的不确定性等。

5.4 结构计算

初步设计之后，就要开始对模型进行理论分析与计算。实际制作的模型在材料性能、支座条件、节点力学性质等方面具有局限性，因此，我们需要对计算模型进行简化和假定，如采用空间梁单元模拟桁架结构、荷载简化、不考虑桥面板参与受力等。

简化和假定必然会带来计算误差，但从理论指导实践这个角度上说，这种简化计算又是合理的，误差也是可以接受的。

理论计算一般又分为手算和电算两个方面。手算一般根据力学基本原理进行简单的受力分析，如荷载简化、拉压杆件概念分析等；电算则是运用计算机软件进行详细的结构分析，推荐使用 ANSYS、MIDAS 等结构分析软件。

　　需要强调的是，理论计算必须在模型制作之前就要进行。这是因为，只有经过了计算，才能明确结构各部分的受力性能，进而采用不同的杆件截面及杆件连接方式。如哪些腹杆是受拉杆件、哪些杆件受力最大、哪些节点最危险等。在制作模型时对这些基本概念了然于胸，可以极大地提高模型制作效率。

第6章 桥梁结构模型设计与分析

6.1 桥梁发展简史

桥梁的建造和人类的文明发展息息相关，也是人类文明的重要组成部分。建造桥梁、跨越障碍，是人类不懈的追求与梦想。今天的桥梁不仅可以实现人类跨越大山大河的梦想，还可以极大地改善城市的交通状况，有的还成为城市特有的一道亮丽风景。

桥梁的发展历程大致可分为远古时代、古代、近代和现代。从远古时代的天然石桥，到古代的木桥、石桥，再到近代的钢桥、混凝土桥和现代的大跨径斜拉桥、悬索桥等，桥梁随着材料科学、力学、计算机科学等的发展逐步发展。

至18世纪前，桥梁建筑大都以石料、铁、木材为主要的建材，其中以赵州桥为典型代表，体现了古代中国桥梁的伟大成就（图6-1）。赵州桥原名安济桥，建于隋代，桥全长约50.82m，拱矢高7.23m，是我国现存的石拱桥中最古老并为当时跨径最大的石拱桥，且是世界桥梁工程史上"敞肩拱"的首创。

图6-1 赵州桥

18世纪以后，欧洲进入工业社会，开始进行大规模的铁路桥梁建设，这是现代桥梁的开端。19世纪，波特兰水泥、现代钢材在欧洲出现，土木工程出现了质的飞跃，桥梁结构形式及规模有了突破，混凝土桥和钢桥的建设获得了空前的发展。以英国福斯桥（Forth Bridge）为标志的桥梁建筑仍散发着西方工业文明的气息（图6-2）。福斯桥跨越苏格兰福斯河，是世界上第二长的多跨悬臂桥。该铁路桥于1890年启用，至今仍在通行客货火车。在以铁路作为长途陆地运输主要手段的年代，福斯桥是桥梁设计和建筑史上的一个里程碑。

20世纪初，预应力混凝土研制成功，开始了预应力混凝土桥梁结构的时代，结构开始向大跨度结构发展。20世纪30年代起，世界上掀起了建设大跨悬索桥的高峰。20世纪50年代，斜拉桥结构初现光芒并很快波及世界桥梁工程界。20世纪60年代，日本、丹麦开辟了兴建跨海工程的先河。20 世纪 80 年代初，我国迎来了改革开放的新时期，加快了基础建设的步伐。特别是近十年，我国建成了代表当今世界桥梁最高发展水平的一大批斜拉桥和悬索桥，从此确定了中国在世界桥梁工程界的地位。

图 6-2　福斯桥

桥梁的发展历史也是一部科技的发展历史，它始终紧跟科学技术发展的步伐，不断创新，产生了一次次的飞跃。世界桥梁的发展史和社会工业水平的发展紧密相连，钢材的出现使桥梁工程有了快速的发展。钢筋混凝土，特别是预应力钢筋混凝土的使用，让现代桥梁在设计、跨度、造价和施工方面得到了全面的发展。目前，我国已建梁桥、拱桥、斜拉桥和悬索桥的跨越能力，均领先世界同类桥梁跨径，在世界桥梁跨径前十大工程中，我国已建桥梁占一半以上。世界前 10 位斜拉桥中我国有 6 座，这 10 座斜拉桥分别为俄罗斯岛大桥（Russky Island Bridge）（主跨 1104m）、沪通长江大桥（主跨 1092m）、苏通长江大桥（主跨 1088m）（图 6-3）、香港昂船洲大桥（主跨 1018m）、湖北鄂东长江大桥（主跨 926m）、日本多多罗大桥（Tatara Bridge）（主跨 890m）、法国诺曼底大桥（主跨 856m）、韩国仁川大桥（主跨 800m）、上海长江大桥（主跨 730m）、南京长江三桥（主跨 648m）。

图 6-3　苏通长江大桥

此外，世界跨径前 10 位悬索桥中我国有 5 座，这 10 座悬索桥分别为日本明石海峡大桥（主跨 1991m）、舟山西堠门大桥（主跨 1650m）（图 6-4）、丹麦大伯尔特桥（主跨 1624m）、润扬长江公路大桥（主跨 1490m）、英国亨伯尔桥（主跨 1410m）、江阴长江公路大桥（主跨 1385m）、香港青马大桥（主跨 1377m）、美国维拉扎诺桥（主跨 1298m）、美国金门大桥（主跨 1280m）、武汉阳逻长江大桥（主跨 1280m）。

世界前 10 位拱桥中我国有 4 座，这 10 座拱桥分别为重庆朝天门长江大桥（主跨 552m）（图 6-5）、上海卢浦大桥（主跨 550m）、美国新河峡谷大桥（主跨 518m）、美国贝永大桥（主跨 503.6m）、澳大利亚悉尼港大桥（主跨 503m）、重庆巫山长江大桥（主跨 492m）、重庆万州长江大桥（主跨 420m）、重庆菜园坝长江大桥（主跨 420m）、克罗地亚克尔克大桥（主跨 390m）、美国弗里芝特桥（主跨 383m）。

图 6-4　舟山西堠门大桥

图 6-5　重庆朝天门长江大桥

2018 年 10 月 24 日上午 9 时，港珠澳大桥正式通车（图 6-6），55km 跨海大桥，7km 海底隧道，从设计到建设前后历时 15 年。它集桥、岛、隧于一体，是世界最长的跨海大桥。

图 6-6　港珠澳大桥

6.2　桥梁模型选型

以"第五届北航大学生建筑结构设计竞赛赛题"为例，在进行结构设计时，首先应对结构进行合理选型，根据设计条件和使用要求确定结构形式，在此基础上进行下一步分析。常见桥型有拱桥、梁桥、桁架桥、斜拉桥、悬索桥（又称吊桥）等。斜拉桥需要桥塔两边对称受力，不适用于单跨结构。悬索桥需要锚锭提供水平反力，索预应力大小难以控制，可靠性差。梁式桥以受弯为主，而受弯不能充分发挥材料强度，重量会较大。本案例桁架桥难以做成静定结构，超静定结构弯矩同样较大。综合考虑认为采用带系杆的拱结构比较合理，拱结构以受压为主，可以较充分地发挥材料的强度潜力。

在模型设计过程中，需要采用合理的加强方式，模型设计尽量在"强节点弱杆件，强柱弱梁"的原则下进行，要设置合理的支撑来抵抗荷载，避免单纯依靠单一构件的强度来抵抗荷载。通过合理设置杆件长度和截面尺寸，避免结构失稳破坏。通过合理设置斜撑抵抗结构扭转破坏。

6.3　桥梁模型建模与分析

利用 ANSYS 有限元分析软件建立的桥梁有限元模型如图 6-7 所示，模型考虑将拱分为 8 段和 4 段两种形式进行对比分析。竹材力学指标中，密度为 $0.8g/cm^3$、弹性模量为 6GPa、顺纹抗拉强度为 60MPa、抗压强度为 30MPa。拱肋节点坐标根据悬链线方程产生。模型结构受力分为三级荷载，考虑杆件截面为实心和空心情况，计算结果对比见表 6-1～表 6-3。

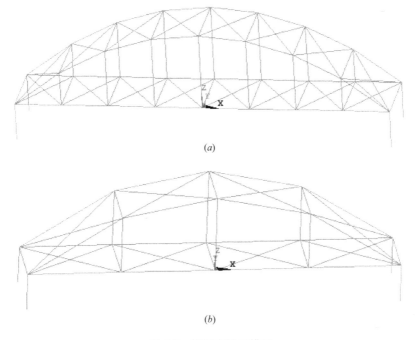

(a)

(b)

图 6-7　桥梁有限元模型

(a) 8 段拱；(b) 4 段拱

模型结构在第一级荷载作用下计算结果对比　　　　　　　　　　　表 6-1

模型方案	模型质量（g）	最大拉应力（MPa）	最大压应力（MPa）	最大变形（mm）
1	382	14.3	16.2	4.9
2	279	14.4	15.4	6.7
3	155	15.4	16.5	7.4
4	124	13.5	14.5	6.3

模型结构在第二级荷载作用下计算结果对比　　　　　　　　　　　表 6-2

模型方案	模型质量（g）	最大拉应力（MPa）	最大压应力（MPa）	最大变形（mm）
1	382	27.2	32.4	10.0
2	279	27.9	29.9	16.0
3	155	30.3	32.7	17.7
4	124	27.1	29.4	15.2

模型结构在第三级荷载作用下计算结果对比　　　　　　　　　　　表 6-3

模型方案	模型质量（g）	最大拉应力（MPa）	最大压应力（MPa）	最大变形（mm）
1	382	18.8	26.1	4.9
2	279	16.5	16.3	5.6
3	155	18.8	19.1	6.8
4	124	17.6	18.2	6.6

　　模型方案 1 的拱分为 8 段，杆件截面全部为半径 3mm 的圆形截面；模型方案 2 的拱分为 4 段，杆件截面全部为半径 3mm 的圆形截面；模型方案 3 的拱分为 4 段，杆件截面全部为外径 3mm、内径 2mm 的空心圆形截面；模型方案 4 的拱分为 4 段，杆件截面全部为外径 3.2mm、内径 2.5mm 的空心圆形截面。

　　通过方案 1 和方案 2 对比分析，拱分段少，结构模型质量减轻，受压和受拉应力总体呈减小趋势，变形增加。拱分段少，制作难度减小。在结构应力和变形容许范围内，拱分为 4 段优于 8 段。在此基础上继续优化。

　　方案 3 和方案 2 比较，由于采用空心结构，模型质量大大减小，但是应力和位移也变大，特别是二级荷载下，压应力超出竹材抗压强度，需要继续优化。

　　方案 4 增加回转半径，提高抗弯刚度，同时减小壁厚，减轻模型质量。计算结果表明：在模型质量、受拉和受压应力以及结果最大变形 4 个指标方面，方案 4 均优于方案 3，达到较为理想的效果。

　　实际加载桥面板有利于将集中荷载均匀分布到桥梁模型上，不考虑桥面板影响的计算分析偏于保守。同时，模型建模中偏心荷载施加在节点上，实际重物块重心离模型边界有一定距离，有限元分析模型比实际模型偏心距大，实际模型偏安全。

　　结构设计竞赛是综合能力很强的赛事，在材料力学和结构力学理论知识的指导下，完成结构选型后，借助有限元分析，可优化结构模型设计、大大减小模型制作工作量、提高工作效率。

6.4　桥梁模型受力分析程序

！第五届北航大学生建筑结构设计竞赛赛题计算分析

```
！主控制程序
！输入共同参数
/input,'canshu','txt','d:\work\',,0
！输入拱分段数
numdy＝4                              ！拱肋单元数目，设为 4 的倍数，本案
                                     例选 4 或 8

！输入杆件截面参数
rr1＝0.002                           ！半径 桥面
rr2＝0.003                           ！半径 吊杆
rr3＝0.003                           ！半径 肋
rr4＝0.003                           ！半径 斜撑
rr5＝0.003                           ！半径 立柱
rr0＝0  ！0.002                      ！空心部分 如果取 0 即为实心
！建模
/input,'jianmo1','txt','d:\work\',,0
！斜撑方案，3 选 1
/input,'xc1','txt','d:\work\',,0     ！单撑
!/input,'xc2','txt','d:\work\',,0    ！双撑
!/input,'xc3','txt','d:\work\',,0    ！双撑，但数量减少
！继续建模
/input,'jianmo2','txt','d:\work\',,0
！约束与求解，三级荷载选一个
！一级荷载
/input,'yueshu1','txt','d:\work\',,0
！二级荷载
!/input,'yueshu2','txt','d:\work\',,0
！三级荷载
!/input,'yueshu3','txt','d:\work\',,0
！后处理
/input,'hou','txt','d:\work\',,0
！查看应力云图
pletab,ls4,noav
*************************程序结束********************************
```

canshu.txt 文件程序如下：

```
！输入数据
*set,ec,6e9                          ！材料弹性模量
*set,pai,3.14159                     ！圆周率
lizhu＝0.1                           ！立柱高度
yiqian＝1000                         ！节点复制，节点号增加量
```

hgl＝0.2	！拱肋高度
kua＝1	！跨度
bkuan＝0.18	！桥面宽
ffff＝hgl/kua	！矢跨比
midu＝790	！密度
posong＝0.31	！泊松比
ee＝2.71828	！自然对数的底数
mmmm＝1.347	！悬链线方程参数
hezai＝50	！荷载 5kg

***************************程序结束****************************

jianmo1.txt 文件程序如下：

！rr0＝0 时为实心截面

ac1＝pai＊(rr1＊＊2−rr0＊＊2)	！面积
ic1＝0.25＊(pai＊rr1＊＊4−rr0＊＊4)	！惯性矩
ac2＝pai＊(rr2＊＊2−rr0＊＊2)	！面积
ic2＝0.25＊(pai＊rr2＊＊4−rr0＊＊4)	！惯性矩
ac3＝pai＊(rr3＊＊2−rr0＊＊2)	！面积
ic3＝0.25＊(pai＊rr3＊＊4−rr0＊＊4)	！惯性矩
ac4＝pai＊(rr4＊＊2−rr0＊＊2)	！面积
ic4＝0.25＊(pai＊rr4＊＊4−rr0＊＊4)	！惯性矩
ac5＝pai＊(rr5＊＊2−rr0＊＊2)	！面积
ic5＝0.25＊(pai＊rr5＊＊4−rr0＊＊4)	！惯性矩

＊dim,nn,,numdy＊2

＊dim,shj1,,numdy＊2

/prep7

et,1,beam4

！桥面实常数和材料

r,1,ac1,ic1,ic1,rr1＊2,rr1＊2

mp,ex,1,ec

mp,prxy,1,posong

mp,dens,1,midu

！吊杆实常数

r,2,ac2,ic2,ic2,rr2＊2,rr2＊2

！拱肋实常数

r,3,ac3,ic3,ic3,rr3＊2,rr3＊2

！拱肋间水平连接杆实常数

r,4,ac4,ic4,ic4,rr4＊2,rr4＊2

！立柱实常数

r,5,ac5,ic5,ic5,rr5＊2,rr5＊2

```
！根据拱轴线方程建模
！拱肋
* do,i,1,numdy+1
xzb=(i-1)*kua/numdy-0.5*kua
ks=xzb/(0.5*kua)*log(mmmm+sqrt(mmmm**2-1))
zzb=ffff-ffff/(mmmm-1)*((ee**ks+ee**(-ks))/2-1)    ！悬链线方程
n,i,xzb,,zzb                                        ！下承式
! n,i,xzb,,zzb-0.1                                  ！中承式
! n,i,xzb,,zzb-0.21                                 ！上承式
* endd
！桥面
* do,i,1,numdy+1
n,i+numdy+1,(i-1)*kua/numdy-0.5*kua,,
* enddo
* get,nmax1,node,,num,max                           ！得到最大节点号
ngen,2,yiqian,1,nmax1,1,0,bkuan,0,
！拱单元
type,1
real,3
mat,1
* do,i,1,numdy
e,i,i+1
e,i+yiqian,i+1+yiqian
* enddo
！桥面单元
type,1
real,1
mat,1
* do,i,1,numdy
e,i+numdy+1,i+numdy+2
e,i+numdy+1+yiqian,i+numdy+2+yiqian
* enddo
！吊杆
type,1
real,2
mat,1
* do,i,2,numdy
e,i,i+numdy+1
e,i+yiqian,i+numdy+1+yiqian
```

```
* enddo
! 横向连接
type,1
real,4
mat,1
* do,i,1,nmax1
e,i,i+yiqian
* enddo
```

**********************程序结束**********************

xc1.txt 文件程序如下：

```
! 方案1
! 拱斜撑
* do,i,1,numdy    ! 单元数为 numy，节点数为 numdy+1
e,i,i+yiqian+1
* enddo
! 路面斜撑
* do,i,numdy+2,nmax1-1
e,i,i+1+yiqian
* enddo
```

**********************程序结束**********************

xc2.txt 文件程序如下：

```
! 方案2  双撑
! 拱斜撑
* do,i,1,numdy    ! 单元数为 numy，节点数为 numdy+1
e,i,i+yiqian+1
e,i+1,i+yiqian
* enddo
! 路面斜撑
* do,i,numdy+2,nmax1-1
e,i,i+1+yiqian
e,i+1,i+yiqian
* enddo
```

**********************程序结束**********************

xc3.txt 文件程序如下：

```
! 方案3  双撑，但数量减少
! 拱斜撑
* do,i,2,numdy-1  ! 单元数为 numy，节点数为 numdy+1
e,i,i+yiqian+1
e,i+1,i+yiqian
```

```
* enddo
！路面斜撑
* do,i,numdy＋2＋1,nmax1－1－1
e,i,i＋1＋yiqian
e,i＋1,i＋yiqian
* enddo
```

***************************程序结束********************************

jianmo2.txt 文件程序如下：

```
！立柱
* get,nmax2,node,,num,max          ！得到最大节点号
n,nmax2＋1,－0.5 * kua,,－lizhu
n,nmax2＋2,0.5 * kua,,－lizhu
n,nmax2＋3,－0.5 * kua,bkuan,－lizhu
n,nmax2＋4,0.5 * kua,bkuan,－lizhu
type,1
real,5
mat,1
e,1,nmax2＋1
e,numdy＋1,nmax2＋2
e,yiqian＋1,nmax2＋3
e,yiqian＋numdy＋1,nmax2＋4
！节点合并
nummrg,node
```

***************************程序结束********************************

yueshu1.txt 文件程序如下：

```
/solu
nsel,s,loc,z,－lizhu
d,all,all,0
nsel,all
！跨中
node01＝node(0,0,0)              ！根据坐标得到加载点节点号
node02＝node(0,bkuan,0)          ！根据坐标得到加载点节点号
！1/4 跨
node03＝node(－0.25 * kua,0,0)   ！根据坐标得到加载点节点号
node04＝node(0.25 * kua,bkuan,0) ！根据坐标得到加载点节点号
！3/4 跨
node05＝node(－0.25 * kua,0,0)   ！根据坐标得到加载点节点号
node06＝node(0.25 * kua,bkuan,0) ！根据坐标得到加载点节点号
！一级荷载
```

```
f,node01,fz,—hezai/2
f,node02,fz,—hezai/2
allsel,all
solve
```

**************************程序结束************************

yueshu2. txt 文件程序如下：

```
/solu
nsel,s,loc,z,—lizhu
d,all,all,0
nsel,all
```

！跨中

```
node01=node(0,0,0)                          ！根据坐标得到加载点节点号
node02=node(0,bkuan,0)                       ！根据坐标得到加载点节点号
```

！1/4 跨

```
node03=node(—0.25*kua,0,0)                  ！根据坐标得到加载点节点号
node04=node(0.25*kua,bkuan,0)               ！根据坐标得到加载点节点号
```

！3/4 跨

```
node05=node(—0.25*kua,0,0)                  ！根据坐标得到加载点节点号
node06=node(0.25*kua,bkuan,0)               ！根据坐标得到加载点节点号
```

！二级荷载

```
f,node03,fz,—hezai
allsel,all
solve
```

**************************程序结束************************

yueshu3. txt 文件程序如下：

```
/solu
nsel,s,loc,z,—lizhu
d,all,all,0
nsel,all
```

！跨中

```
node01=node(0,0,0)                          ！根据坐标得到加载点节点号
node02=node(0,bkuan,0)                       ！根据坐标得到加载点节点号
```

！1/4 跨

```
node03=node(—0.25*kua,0,0)                  ！根据坐标得到加载点节点号
node04=node(0.25*kua,bkuan,0)               ！根据坐标得到加载点节点号
```

！3/4 跨

```
node05=node(—0.25*kua,0,0)                  ！根据坐标得到加载点节点号
node06=node(0.25*kua,bkuan,0)               ！根据坐标得到加载点节点号
```

！三级荷载

f,node03,fz,—hezai

f,node06,fz,—hezai

allsel,all

solve

****************************程序结束********************************

hou. txt 文件程序如下：

/post1

etab,,u,sum

! 得到最大位移

* get,dmmax1,node,node01,u,sum   ! 跨中

* get,dmmax2,node,node02,u,sum   ! 跨中

* get,dmmax3,node,node03,u,sum   ! 1/4 跨

* get,dmmax4,node,node04,u,sum   ! 1/4 跨

* get,dmmax5,node,node05,u,sum   ! 3/4 跨

* get,dmmax6,node,node06,u,sum   ! 3/4 跨

! 模型质量

! 将单元体积存于类似于表格的 table 之中

! 相当于点击 Element table—>Define Table—>Geometry—>Volu

ctablc,cvol,volu,

! 求取表格中所有体积之和，相当于点击 Sum of Each Item

ssum

! 将取得的总体积赋给变量 vtot

* get,vtot,ssum,,item,evol

! 用密度乘以总体积 vtot 得到总质量

* set,weight,midu * vtot

! 查看长度：processor—modeling—check geom，选项里选择 2 点，即可读出长度

! ndist,2,3

etab,,ls,1   ! 轴向应力

etab,,ls,2   ! Bending stress on the element＋Y side of the beam

etab,,ls,3   ! Bending stress on the element—Y side of the beam

etab,,ls,4   ! Bending stress on the element＋Z side of the beam

etab,,ls,5   ! Bending stress on the element—Z side of the beam

****************************程序结束********************************

第7章　高层结构模型设计与分析

7.1　高层建筑发展简史

随着城市人口快速增加，对于居住空间的巨大需求逐渐显现，传统意义的住房已满足不了人们的需求，高层建筑应运而生。高层建筑是社会生产的需要和人类生活需求的产物，是现代工业化、商业化和城市化的必然结果。而科学技术的发展、高强轻质材料的出现以及机械化、电气化在建筑中的实现等，为高层建筑的发展提供了技术条件和物质基础。

高层建筑发展历史分为四个时期，分别为芝加哥时期（1865年至1893年）、古典主义复兴时期（1893至世界资本主义大萧条时期）、现代主义时期（二战后至20世纪70年代）、后现代主义时期（20世纪70年代初至今）。

芝加哥时期是高层建筑处于早期的功能主义时期。当时的高层建筑首先考虑的是经济、效率、速度、面积、功能优先，建筑风格退居次要位置，基本不考虑建筑装饰。体型和风格大都是表达高层建筑骨架结构的内涵，强调横向水平的效果，普遍采用扁平的大窗，即所谓"芝加哥窗"。芝加哥家庭保险公司大厦是世界上第一幢按现代钢框架结构原理建造的高层建筑，开创了摩天大楼建造之先河。

古典主义复兴时期，其特点是建筑师们运用历史样式来寻求美学上的解决方法。例如，探索有垂直感的立面处理、富有表现力的基座和顶部等。这个时期的代表作有位于纽约的伍尔沃斯大楼和克莱斯勒大楼，它们都有装饰性很强的基座和屋顶。

现代主义时期出现了以摩天楼风格为主导形式的局面，提倡高层建筑采用积木式的大体块和光滑玻璃幕墙的做法和风格，外形往往是单独的"方盒子"。它是由可供出租楼层面积的经济性、结构体系以及内外墙体关系和功能来决定的。相反，古典的基座、楼身和顶部三段式几乎不存在了。它的代表作有2001年9月11日遭袭击坍塌的纽约世界贸易中心。

后现代主义时期由于环境观念和生态技术的发展，使得高层建筑设计朝人性化、智能化、生态化的方向发展。结构艺术风格、高技派以及生态型的高层设计，在多元化的建筑发展中日益引起关注。高技派侧重于把技术发挥得更为充分，使结构体系与机械体系能够表现建筑立面效果，如香港汇丰银行总部就是使用了高科技形象，创造出了一种机械美学。

从结构观点看，高层建筑的发展与人们对其结构体系认识的不断深化密切相关。高层建筑的结构除强度和稳定要求外，还必须控制侧向荷载（风荷载和水平地震作用）所造成的侧移，防止由这些因素造成的结构和非结构性破坏。

因为风荷载对基础的力矩是随着建筑高度的平方成比例增加，因此，风荷载一直是高层建筑建造的障碍。

当人们认识到拉压杆承受轴力时的轴向变形比梁柱承受弯矩的弯曲变形小得多时，就逐渐形成了在一幢高层建筑里采用两个传力系统的概念：

（1）用侧向刚度较小的框架结构体系承受重力荷载。

（2）用侧向刚度很大的有斜撑的桁架结构体系承受风荷载，并作为建筑物的内核心部分。这个内核心结构在风力作用下的侧移小、重量轻，还能在内部设置电梯、楼梯和铺设各种管道。至于框架结构，由于只让它承受重力，可以大大简化它的节点构造。这就形成了一种新的外框—内筒结构体系（内核心的钢桁架体系称为内筒结构），它能大量节约钢材并有效利用建筑面积，因而在高层建筑中得到广泛应用。但钢桁架筒结构因有交叉斜撑，只能用于内核心。

与此同时，人们还认识到用墙体系代替有斜撑的钢桁架体系更为优越，如它的侧向刚度更大，可以开门窗洞口等。这就形成了高层建筑中的剪力墙结构体系和框架剪力墙体系。

20 世纪 60 年代中期，孟加拉裔美国 SOM 公司的工程师坎恩在设计芝加哥的约翰·汉考克中心时，大胆地将有斜撑的桁架用在四周外墙上。该楼有 100 层高，它的外墙面梁柱钢框架上设置有 5 个巨型 X 形钢斜撑，每个横跨 18 层楼高。虽然每层外墙都会有两个斜撑的杆件遮挡窗口，但它的结构体系（X 形斜撑和方斜锥形筒体立面）却给人以安全感，而且用钢量很少，单方用量只有 $145kg/m^2$，比采用钢框架承重的 102 层的纽约帝国大厦用钢量 $206kg/m^2$ 几乎少了 1/3，成为后来许多高层建筑仿效的典范。这样就又形成了一个新概念——将高层建筑看成一个巨大的、中空的、由地基升起的竖向悬臂柱，称为筒体结构体系。若既设置内筒，又设置外筒，则称为筒中筒结构体系。它的典型建筑就是世界贸易中心。1974 年，坎恩又将筒体结构发展成为几个筒捆束在一起，形成更新的束筒结构体系，建成了当时世界上最高的西尔斯大厦。它由 9 个方形筒体连接在一起，每个筒体的平面尺寸为 $23m \times 23m$，总平面尺寸为 $69m \times 69m$，尽管高度达 432m、建筑层数 110 层，但用钢量只有 $161kg/m^2$。

世界十大高楼中，我国有六座，这十座高层建筑分别是哈利法塔、上海中心大厦、麦加皇家钟塔饭店、台北 101 摩天大楼、上海环球金融中心、香港环球贸易广场、吉隆坡石油双塔、紫峰大厦、韦莱集团大厦、京基 100。

哈利法塔又名迪拜塔，位于阿拉伯联合酋长国（阿联酋）最大的城市迪拜市。哈利法塔总高 828m，建筑层数 162 层，连同地下共有 169 层。

上海中心大厦简称上海塔，位于上海陆家嘴金融中心区（图 7-1）。大厦建筑主体为 118 层，建筑层数 128 层（地上 118 层、5 层裙楼和 5 层地下室），总高为 632m，结构高度为 580m。

图 7-1　上海中心大厦

麦加皇家钟塔饭店是一栋位于沙特阿拉伯王国的伊斯兰教圣城麦加。钟塔饭店为复合型建筑，建筑高度 601m，建筑层数 95 层。

台北 101 摩天大楼，在规划阶段初期为台北国际金融中心，位于中国台湾台北市信义区西村里信义路五段 7 号。大楼总高 509m，建筑层数 106 层（地上 101 层、地下 5 层）。

上海环球金融中心位于上海陆家嘴浦东新区世纪大道 100 号，比邻为上海中心大厦。原设计总高为 460m，后修改为 492m。上海环球金融中心建筑层数 104 层（地上 101 层、地下 3 层），其中 94～100 层为观光层。

香港环球贸易广场简称 ICC，位于香港西九龙柯士甸道西 1 号。大厦楼高 490m，共有 118 层，是目前香港最高的建筑。大楼 100 层设有"天际 100"香港观景台，是香港唯一能 360°俯瞰香港景色的地点。

吉隆坡石油双塔坐落于马来西亚吉隆坡市中心（Kuala Lumpur City Centre，KLCC）计划区的西北角。曾经是世界最高的摩天大楼，现仍是世界最高的双塔楼。楼高 452m，地上共 88 层。

紫峰大厦位于南京市鼓楼区鼓楼广场，鼓楼转盘西北角，中央路和中山北路交叉口，南京地铁 1 号线鼓楼站 4 号出口西北侧。大厦基地内设一高一低 2 栋塔楼（主楼和副楼），用商业裙房将 2 栋塔楼联成一个整体建筑群；主楼地上 89 层，地下 3 层，总高度 450m，屋顶高度 389m。

韦莱集团大厦（Willis Tower）曾用名西尔斯大厦（Sears Tower），位于美国伊利诺伊州芝加哥市。韦莱集团大厦高 443m，地上 110 层，地下 3 层。根据高楼与都市住宅委员会（Council on Tall Buildings and UrbanHabitat）所使用的四分类建筑物高度判断法，加上楼顶天线后总高为 527.3m。

京基 100（KK100），原名京基金融中心（KingKey Financial Center），楼高 441.8m，共 100 层，是目前深圳第一高楼，位于我国广东省深圳市罗湖区。

7.2　高层结构模型选型

以"第四届北航大学生建筑结构设计竞赛赛题"为例，在进行结构设计时，首先应对结构进行合理选型，根据设计条件和使用要求确定结构形式，在此基础上进行下一步分析。

常见高层建筑结构形式有框架结构、框架—剪力墙结构、剪力墙结构、框筒结构等。对于实际竹材结构模型，为了减轻模型质量，大多采用框架结构形式。为了提高结构抗失稳能力，对于 1m 高模型，通常分为 4～5 层，杆件截面形式以三角形和四边形居多，杆件截面通常为空心截面，同时设置斜撑抵抗结构扭转破坏。本案例结构高 0.8m，结构分为 4 层，柱截面采用空心圆环截面。

7.3　高层结构模型建模与分析

利用 ANSYS 有限元分析软件建立的结构模型如图 7-2 所示。竹材力

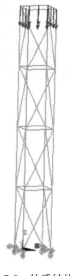

图 7-2　竹质结构
有限元模型

学指标中，密度为 0.8g/cm³、弹性模量为 6GPa、顺纹抗拉强度为 60MPa、抗压强度为 30MPa。模型结构在第三级荷载作用下，考虑杆件截面为实心和空心情况，计算结果对比见表 7-1。位移和应力云图如图 7-3～图 7-7 所示。

模型结构在第三级荷载作用下计算结果对比 表 7-1

模型方案	模型质量（g）	最大拉应力（MPa）	最大压应力（MPa）	最大变形（mm）
1	187	11.4	14.9	1.1
2	83	38.1	50.3	4.4
3	104	12.3	15.9	1.4
4	75	13.8	17.4	1.5
5	37	15.7	19.4	2.1

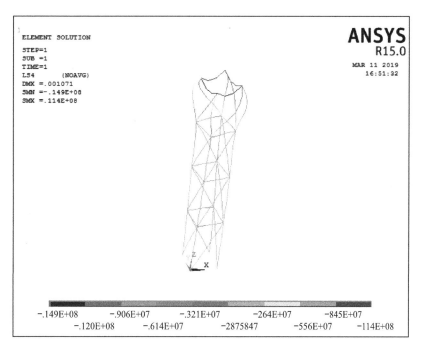

图 7-3　方案 1 变形和应力云图

模型方案 1 的杆件截面全部为半径 3mm 的圆形截面；模型方案 2 的杆件截面全部为半径 2mm 的圆形截面；模型方案 3 的杆件截面全部为外径 3mm、内径 2mm 的空心圆形截面；模型方案 4 的柱截面为外径 3mm、内径 2mm 的空心圆形截面，梁和斜撑截面全部为外径 3mm、内径 2.5mm 的空心圆形截面；模型方案 5 的柱截面为外径 3mm、内径 2.5mm 的空心圆形截面，梁和斜撑截面全部为外径 3mm、内径 2.8mm 的空心圆形截面。

通过方案 1 和方案 2 对比分析，减小模型杆件半径，结构模型质量大大减小，受压和受拉应力及结构变形增加，特别是受压应力超过容许值，需要改进。

方案 3 和方案 1 比较，由于采用空心结构，模型质量大大减小，但是应力和位移有少许增加。

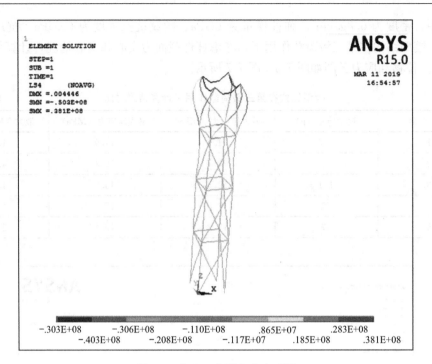

图 7-4　方案 2 变形和应力云图

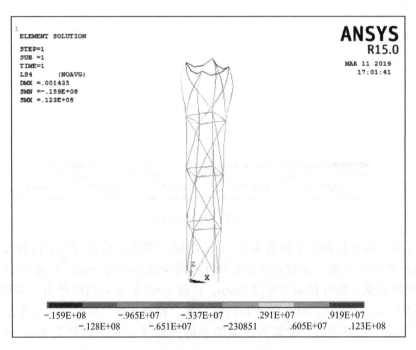

图 7-5　方案 3 变形和应力云图

　　方案 4 在方案 3 的基础上继续减轻模型质量，梁和斜撑截面外径不变，增大截面内径。计算结果表明：模型质量减小，受拉和受压应力以及变形增加，但是在结构应力和变形容许范围内，方案 4 优于方案 1~3，达到了较为理想的效果。

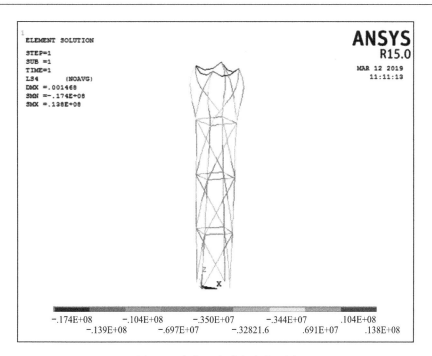

图 7-6 方案 4 变形和应力云图

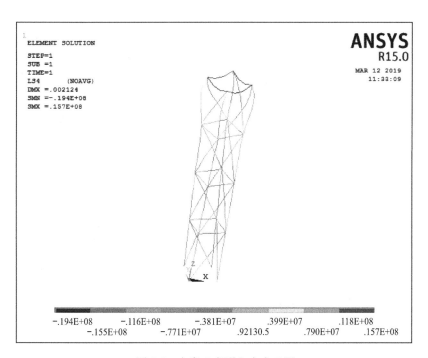

图 7-7 方案 5 变形和应力云图

　　方案 5 在方案 4 的基础上继续减轻模型质量，柱、梁和斜撑截面壁厚继续减小。计算结果表明：模型质量大幅度减小，受拉和受压应力以及变形增加，但是结构应力和变形仍在容许范围内，方案 5 达到了满意的效果。

7.4 高层结构模型受力分析程序

```
! 第四届北航大学生建筑结构设计竞赛赛题计算分析
! 主控制程序
! 输入数据
* set,ec,6e9                              ! 材料弹性模量
* set,pai,3.14159                         ! 圆周率
hhhh=0.8                                  ! 模型高度
nnnn=4                                    ! 分层数
yibai=100                                 ! 节点号增加一百
kuan=0.1                                  ! 模型宽
midu=790                                  ! 密度
posong=0.31                               ! 泊松比
hezai=196                                 ! 荷载20kg
rr1=0.003                                 ! 杆截面半径 外径
rr2=0.003                                 ! 杆截面半径 外径
rr3=0.003                                 ! 杆截面半径 外径
rr0=0                                     ! 杆截面半径 内径
rr1=0.003                                 ! 杆截面半径 外径
rr2=0.003                                 ! 杆截面半径 外径
rr3=0.003                                 ! 杆截面半径 外径
rr10=0.0025                               ! 杆截面半径 内径
rr20=0.0028                               ! 杆截面半径 内径
rr30=0.0028                               ! 杆截面半径 内径
! rr0=0 时为实心截面
ac1=pai*(rr1**2-rr10**2)                  ! 面积 柱
ic1=0.25*(pai*rr1**4-rr10**4)             ! 惯性矩
ac2=pai*(rr2**2-rr20**2)                  ! 面积 梁
ic2=0.25*(pai*rr2**4-rr20**4)             ! 惯性矩
ac3=pai*(rr3**2-rr30**2)                  ! 面积 斜撑
ic3=0.25*(pai*rr3**4-rr30**4)             ! 惯性矩
/prep7
et,1,beam4
! 柱实常数和材料
r,1,ac1,ic1,ic1,rr1*2,rr1*2
mp,ex,1,ec
mp,prxy,1,posong
mp,dens,1,midu
```

！梁实常数

r,2,ac2,ic2,ic2,rr2*2,rr2*2

！斜撑实常数

r,3,ac3,ic3,ic3,rr3*2,rr3*2

！开始建模

k,1,0,0,0

k,2,kuan,0,0

k,3,kuan,kuan,0

k,4,0,kuan,0

*get,kmax1,kp,,num,max　　　　　　　　　　　　　！得到最大关键点号

kgen,nnnn+1,1,kmax1,1,0,0,hhhh/nnnn,yibai　　　　！注意与 ngen 的区别

*get,kmax2,kp,,num,max　　　　　　　　　　　　　！得到最大关键点号

！连接柱子

*do,i,1,nnnn

　　*do,j,1,kmax1

　　　1,(i−1)*yibai+j,(i−1)*yibai+j+yibai

　　*enddo

*enddo

cm,zhu,line　　　　　　　　　　　　　　　　　　　！命名柱集合

！连接梁

*do,i,1+yibai,1+nnnn*yibai,yibai

1,i,i+1

1,i+1,i+2

1,i+2,i+3

1,i,i+3

*enddo

cmsel,u,zhu

cm,liang,line　　　　　　　　　　　　　　　　　　！命名梁集合

！连接斜撑

*do,i,1,nnnn

1,(i−1)*yibai+1,(i−1)*yibai+2+yibai

1,(i−1)*yibai+2,(i−1)*yibai+3+yibai

1,(i−1)*yibai+3,(i−1)*yibai+4+yibai

1,(i−1)*yibai+4,(i−1)*yibai+1+yibai

*enddo

cmsel,u,liang

cm,xiecheng,line　　　　　　　　　　　　　　　　！命名斜撑集合

cmsel,all

！建模完成

```
！划分网格
！柱单元
type,1
real,1
mat,1
cmsel,s,zhu
lmesh,all
！梁单元
type,1
real,2
mat,1
cmsel,s,liang
lmesh,all
！斜撑单元
type,1
real,3
mat,1
cmsel,s,xiecheng
lmesh,all
lsel,all
！求解
/solu
nsel,s,loc,z,hhhh
*get,nnum1,node,,count          ！得到节点数
f,all,fz,－hezai/nnum1           ！施加荷载
nsel,s,loc,z,0
d,all,all,0                       ！施加约束
nsel,all
solve
！后处理
/post1
！模型质量
！将单元体积存于类似于表格的 table 之中
！相当于点击 Element table－＞Define Table－＞Geometry－＞Volu
etable,evol,volu,
！求取表格中所有体积之和，相当于点击 Sum of Each Item
ssum
！将取得的总体积赋给变量 vtot
*get,vtot,ssum,,item,evol
```

！用密度乘以总体积 vtot 得到总质量

＊set，weight，midu＊vtot

etab,,ls,1　　　　　！轴向应力

etab,,ls,2　　　　　！Bending stress on the element ＋Y side of the beam

etab,,ls,3　　　　　！Bending stress on the element －Y side of the beam

etab,,ls,4　　　　　！Bending stress on the element ＋Z side of the beam

etab,,ls,5　　　　　！Bending stress on the element －Z side of the beam

！查看位移和应力云图

pletab,ls4,noav

第 8 章　结构设计竞赛作品赏析

北京航空航天大学已经举办了 5 届建筑结构设计竞赛。结构设计竞赛有效促进了专业课程的学习，培养了学生的团队意识和协作能力，发掘了创新思维。竞赛中涌现出了不少优秀的作品，当然不少作品也存在不足。为了将本教材知识性、资料性和趣味性融于一体，本章主要收集了最近 3 年北航建筑结构设计竞赛参赛作品及部分北京市建筑结构设计竞赛作品，加以点评，希望能帮助读者更好地理解作品，同时掌握一些结构设计知识，为今后竞赛中设计出优秀作品提供参考。

8.1　北航作品点评

1. 2018 年北京市建筑结构设计竞赛最佳创意奖作品（图 8-1）

图 8-1　2018 年北京市建筑结构设计竞赛最佳创意奖作品

作品介绍：作品以格构式配合吊索结构为特色，辅以纺锤杆件和特殊处理的节点设计。

整体结构方面，采用了内外两层支撑交错布置的格构式结构。外层支撑主要用于承担外圈载荷的纵向支撑以及整体结构的扭转。支撑主要由 8 根倾斜的支撑杆和 4 根横向的连接杆组成。支撑杆两两对齐，与横向支撑杆形成三角形的稳定结构，提供整个结构的抗扭转性能以及抗非均布载荷。内层采用吊索结构，拉条支撑 4 根横杆，将压力转化为拉力，从而利用竹皮良好的抗拉性能，减轻模型质量。

在杆件方面，采用纺锤形杆件。把承压杆件进行预弯曲，让杆件产生向某个方向的初始挠度，并在各根杆件之间蒙皮，进行柔性连接。在对承压杆件进行预弯曲之后，杆件在收到正压力时的弯曲方向只能沿着预弯曲的方向，避免了"分支点"失稳的可能性。与此同时，蒙皮的存在又能对杆件的挠度进行限制。由于其挠度被限制，杆件受压时的横向失稳问题便可以被忽略。

节点采用竹纤维与 502 胶水混合形成复合材料的方式，制作具有极强抗压强度的复合材料，以承受尼龙绳提供的超大压强。

作品点评：该结构格局高大、气魄宏伟。在构件形式上，选择了完全没有失稳问题的纺锤杆件，把各杆件的压力以最为有效的方式转化为了竹皮可以承受的拉力；在结构体系上，选择了经典的三角形结构体系，既使得杆件数量与支座数量大为减少，又简化了传力路径，降低了模型重量；在节点设计与制作上，该设计集中利用了 502 胶水的转换能力，使得上下层结构在各个方向上具有同等的强度与刚度，可谓一款杰出的结构设计作品。它深刻地反映了赛题要求，充分体现了结构大赛的意义，富于想象，创新意义实足。

2. 2017 年北京市建筑结构设计竞赛一等奖作品（图 8-2）

作品介绍：设计是基于三角柱的桁架结构组成外框柱，以三角柱为固定点，辅以拉条加强的复合结构。能够承载顶部重物的竖向荷载以及横向荷载。模型力求找到一个质量和结构强度平衡的点——杆件的直径要尽可能的小，连接处的强度要尽可能的大，并且使两者强度相匹配，当模型结构破坏时，使杆件和连接处同时破坏，从而避免因为强度过剩而导致的模型质量过大。

作品点评：该作品考虑到可能的各种加载方向，采用了全轴对称设计，主次分明，疏密有致。尤其是四根立柱，采用通长构件，没有任何接头，保证了主要传力杆件的力流通畅。在斜撑杆交汇处，作者利用装饰板的形式，扩大接触面面积，既加强了节点，又美化了结构造型。整个结构构思巧妙，设计完整，制作精良，是一款难得的竞赛作品。

图 8-2　2017 年北京市建筑结构
设计竞赛一等奖作品

3. 2014 年北京市建筑结构设计竞赛三等奖作品（图 8-3）

作品介绍：作品采用竹条均匀编织防护网，防护网冲击荷载通过 4 根梁传递给 4 根柱。梁和柱均采用空心圆柱结构，以实现相同质量条件下，获得最大抗弯刚度。结构传力路径清晰，防护网间距适当，实现以柔克刚的缩小版防护结构。

作品点评：该结构造型漂亮、画面干净、制作精良、传力路径清晰。但是，由于设计者低估了大球的冲击力（或者说高估了竹皮的抗拉能力），使得大球毫无悬念地穿透了竹皮。大球穿透竹面的一瞬间，几位参赛同学的表情到现在依然可以想象：诧异？惊愕？绝望？呆木？或许都有。这个设计最大的失误在于：没有能通过横梁的充分变形及时地把竹面所受的冲击力转移到柱子上。也就是说，如果他们把横梁的刚度降低几倍，或许还有胜算。就目前的设计而言，用材越多，构件越刚，结构越容易破坏，真是费力不讨好，是最令人遗憾的设计之一。

图 8-3　2014 年北京市建筑结构设计竞赛三等奖作品

4. 第五届北航大学生建筑结构设计竞赛最佳创意奖作品（图 8-4）

图 8-4　第五届北航大学生建筑结构设计竞赛最佳创意奖作品

作品点评：该结构，不，不！该作品堪比无脊椎动物，它根本就不能受力，根本就不是一个结构，充其量是一个建筑造型，或者一件工艺品，更不可能是一座桥梁！设计者一心想巧妙利用竹皮的抗拉能力，却忘了在建筑中，所有的拉力最终将转化为地基的压力或者剪力。而该造型没有任何承压构件，是没有结构的无脊椎动物类的软体，因此，授予其最佳创意奖，仅仅是为了更好地宣传结构设计的重要性。

5. 第五届北航大学生建筑结构设计竞赛一等奖作品（图 8-5）

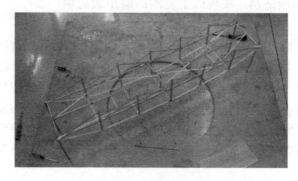

图 8-5　第五届北航大学生建筑结构设计竞赛一等奖作品

作品点评：该作品看似平淡无奇，实则暗藏玄机。交叉布置的拉条，不仅仅承受拉力，而且通过这拉力，又加强了桁架梁之间的联系，使得交叉布置的桥面集中力得以向 4 根立柱快速扩散。最为巧妙的是：桥面板本身也是柔性的，这与拉条的柔性相匹配，达到了近似均匀受力的效果。整个设计强弱适当，疏密相宜，于无声处见新奇。

6. 第五届北航大学生建筑结构设计竞赛二等奖作品（一）（图 8-6）

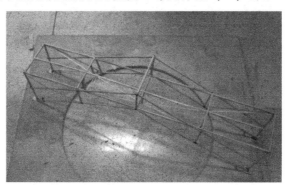

图 8-6　第五届北航大学生建筑结构设计竞赛二等奖作品（一）

作品点评：该结构简洁明快、十分大气。由于赛题给出的荷载并不是很大，且分散布置，因此，设计者十分大胆地使用了可能导致杆件失稳的超长构件。这样的结构如果没有失稳问题，那么，桥面板以下的拉条就是多余的。因为结构整体刚度很大、变形很小，试图利用拉条变形后加强平面内外联系的目的，显然是不可能达到的。总之，该结构构件少、刚度大，化解了其他受力风险，颇为幸运。

7. 第五届北航大学生建筑结构设计竞赛二等奖作品（二）（图 8-7）

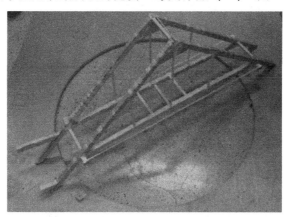

图 8-7　第五届北航大学生建筑结构设计竞赛二等奖作品（二）

作品点评：该结构造型强悍，力感十足，具有超强的承载能力！当然，也具有不合时宜的自重。这种级别的刚度，对于赛题中的设计荷载，是绰绰有余的。建议设计者缩小构件截面，去掉多余的构件，重新制作。

8. 第五届北航大学生建筑结构设计竞赛二等奖作品（三）（图 8-8）

作品点评：该结构用正面的眼光看待，那就是大气稳重有分量，平面内外有保障；用反面的眼光看，就是两榀刚架打天下，呆头呆脑无创新。大一的新生，参加这样的大赛，能够按时提交作品已殊为不易，评委理当不能以苛责的目光，要求作品有很高的质量。但是，作为新的大一学生晋级的阶梯，这一设计的教材意义也应该得到发掘。因为，类似的作品实在太多了，容易限制学生的想象力。

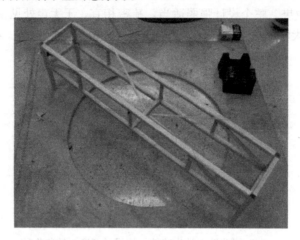

图 8-8　第五届北航大学生建筑结构设计竞赛二等奖作品（三）

9. 第五届北航大学生建筑结构设计竞赛三等奖作品（一）（图 8-9）

图 8-9　第五届北航大学生建筑结构设计竞赛三等奖作品（一）

　　作品点评：该结构可以称之为梁式桁架，适合跨度特别大的结构。由于本赛题荷载小且分散布置，因此有杀鸡用了牛刀的感觉。毫无疑问，此结构具有十分超强的承载能力，虽然制作上有一些瑕疵，但在超级豪华的配置下，瑕疵的效果被抹平。如果制作精良，该结构承受 2~4 倍的设计荷载，完全不成问题。这样一来，结构大赛的比赛意义就没有得到很好地执行，希望今后的同学敢于自我牺牲，敢于挑战极限。

　　10. 第五届北航大学生建筑结构设计竞赛三等奖作品（二）（图 8-10）

　　作品点评：该作品不是一个好的设计。理由有三：其一，结构形式混乱。既不是梁式结构，又不是桁架结构，更不是悬索结构，但又像是上述三类结构的混合体，十分怪异；其二，竹皮拉条的应用几乎到了泛滥成灾的地步，给人一种随心所欲的印象；其三，支座的设计超级强大，但又找不到让他们超级强大的理由。由此可见，大一新生参加结构设计大赛，还是需要有相关专业老师的指导。

图 8-10　第五届北航大学生建筑结构设计竞赛三等奖作品（二）

11. 第五届北航大学生建筑结构设计竞赛三等奖作品（三）（图 8-11）

图 8-11　第五届北航大学生建筑结构设计竞赛三等奖作品（三）

作品点评：该结构可以称之为上承式拱形结构，但桥面支撑与承力拱之间的关系比较混乱。尤其是遍布结构的竹皮拉条，完全没有必要。另外，桥面板的构成十分铺张，似乎设计者并不在乎作品的重量。显然，这是一款很不成熟的作品，需要有人进行基本的专业辅导。现在，北航实现大类招生，大一新生根本到不了专业学院，因此，结构设计大赛在新的办学模式下如何生存，也是一个十分棘手的问题。

12. 第五届北航大学生建筑结构设计竞赛三等奖作品（四）（图 8-12）

作品点评：该结构上部荷载通过桥面板传递到横梁之后，才通过纵横梁节点使纵梁受力。而因为两根纵梁刚度很大，变形很小，所以纵梁有能力通过自身的刚度直接把荷载传递到支座，所以，底下的拉条与立杆完全是多余的。即使拉条因其他原因受力，那么，拉条、立杆和纵梁三者之间的刚度比例也是失调的。因此，该结构设计者也许清楚了荷载传递的路径，但并不清楚荷载的分配法则，需要得到老师或者软件计算结果的支持。

13. 第五届北航大学生建筑结构设计竞赛三等奖作品（五）（图 8-13）

作品点评：该设计结构形式合理，整体刚度较大，对均布荷载或者较大的移动荷载，具有很强的适应力。但是，由于结构杆件过于纤细，不利于局部受力。因此，要求参赛者具有很高的制作水平与加载水平，否则，只要局部受力过大，构件没有二次分布荷载的能力，必然导致局部破坏下的整体坍塌。笔者认为，该设计思路清晰，杆件疏密合理，但对赛题的性质消化不够。

图 8-12　第五届北航大学生建筑结构
设计竞赛三等奖作品（四）

图 8-13　第五届北航大学生建筑
结构设计竞赛三等奖作品（五）

14. 第四届北航大学生建筑结构设计竞赛一等奖作品（图 8-14）

作品点评：该结构头齐尾齐，体态优美，具有很多对称轴，是一件朴素无华、经久耐用的作品，但用于结构大赛却显得保守。这样的结构完全可以用于真实的结构工程——其结构形态、连接方式、制作方法与独立钢结构柱相差无几，唯一不同的是，与支座相连的四根横杆与两根交叉的联系杆完全多余。这表明参赛者求稳心有余，拼搏心不足。

15. 第四届北航大学生建筑结构设计竞赛作品（一）（图 8-15）

作品点评：用一个字形容该结构，那就是"笨"；用两个字形容该结构，那就是"很笨"。希望这类结构再也不要出现在比赛中。

16. 第四届北航大学生建筑结构设计竞赛作品（二）（图 8-16）

作品点评：平面为三角形的此类结构，抗扭的能力很差；而事实上，无论参赛者如何小心加载，重物自重产生的扭矩是一定存在的，因此，这类结构的加载失败，几乎就是注定的。更何况该结构设计思路混乱，制作工艺粗糙。一根柱子弯成几节，一眼望去，让人忧心忡忡。

17. 第四届北航大学生建筑结构设计竞赛作品（三）（图 8-17）

作品点评：如果可以称之为"作品"的话，这显然是一件没有完成的作品。如果要硬着头皮参加比赛，估计连第一级加载也无法完成，只好两手端着加荷板叹息，因为，这样的结构，抗扭能力为 0。谁说土木专业不重要？谁说受力分析不重要？

图 8-14　第四届北航大学生
建筑结构设计竞赛一等奖作品

图 8-15　第四届北航大学生
建筑结构设计竞赛作品（一）

图 8-16　第四届北航大学生
建筑结构设计竞赛作品（二）

18. 第四届北航大学生建筑结构设计竞赛作品（四）（图 8-18）

作品点评：该作品貌似强悍，实则空虚。一根开口的庞大的薄壁构件，抵不上一根闭口的精巧小构件。因此，结构设计、结构计算、结构制作、结构解释全部都是比赛内容，缺一不可。

19. 第四届北航大学生建筑结构设计竞赛作品（五）（图 8-19）

作品点评：该作品与图 8-14 所示作品十分相似，但明显不及上一件作品。理由有三：其一，作品不干净，体系内有多余的东西；其二，斜杆制作质量太差；其三，立柱与斜杆的刚度比例不是很恰当，简单说，就是斜杆直径太细，一旦有偏心重力荷载，斜杆起不到应该起到的抗扭能力，结构就有可能破坏。但是，如果垂直荷载不大，或者偏心很小，结构的缺陷就不容易被激活，所以，也不能立马断定该结构会加载失败。

20. 第四届北航大学生建筑结构设计竞赛作品（六）（图 8-20）

作品点评：该作品造型独特，但是结构笨重、制作复杂。结构竞赛作品既是一件艺术品，又要轻质高强、承受荷载。这与结构设计既要满足美观，又要经济和安全是一致的。

21. 第四届北航大学生建筑结构设计竞赛作品（七）（图 8-21）

作品点评：该作品设计大胆，但涉及思路不完整，是一件修修改改的半成品。尤其在加载端，不仅表面不平，而且构件之间缺乏联系，大大降低结构的抗扭能力。如果仅仅是为制作方便考虑，中间的联系杆件随意搭放，那就失去了结构设计的涵义，建议参赛者放下功利心，付出真汗水。

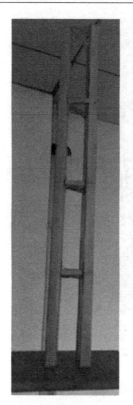

图 8-17　第四届北航大学生
建筑结构设计竞赛作品（三）　

图 8-18　第四届北航大学生
建筑结构设计竞赛作品（四）

图 8-19　第四届北航大学生
建筑结构设计竞赛作品（五）

图 8-20　第四届北航大学生建筑
结构设计竞赛作品（六）

图 8-21　第四届北航大学生
建筑结构设计竞赛作品（七）

22. 第四届北航大学生建筑结构设计竞赛作品（八）（图 8-22）

作品点评：这是一件值得好好点评的作品。作者的初心是让筒体承担垂直荷载，但考虑到筒体可能失稳，就加上了 5 圈横向约束以解决失稳问题；后来，发现横向圈也必须连成一个整体，又加上了两根所谓的"立柱"，既保证横圈之间的联系，又分担部分垂直荷载，可谓一举两得。但是，该设计是经不起推敲的。首先，筒体结构本身竖向的承担能力是很差的，用筒体承受垂直力的思路就不可取；其次，筒体的约束方式很差，横纵圈之间居然还有空隙，这显然是不能忍受的；其三，与筒体的体积相比，所谓的立杆太细太细，而且并不是铅直的，根本达不到分配垂直荷载的功能。所以，这是一件彻头彻尾失败的设计作品。

23. 第四届北航大学生建筑结构设计竞赛作品（九）（图 8-23）

作品点评：该设计与前述很多作品的毛病是一致的，但由于柱子与横梁之间联系的困难，使得几根柱子都不是铅直的，犯了大忌，毫无美感。因此，结构设计大赛应该逐步淘汰这样的作品。

24. 第四届北航大学生建筑结构设计竞赛作品（十）（图 8-24）

作品点评：该作品看起来超级强悍，如果加载得当，它也许可以抵抗几倍的比赛荷载。为什么？因为设计者为了解决立柱失稳问题，不仅在内圈加强了杆件之间的联系，而且在外圈对杆件进行了蒙皮处理，大有内外兼修、志在必得的感觉。但是，如果作者的中空柱缺乏必要的厚度，结构也有可能局部失稳。另外，尽管作者在加载面的强化处理是正确的，但与支座相近的内环却是完全多余的。因为，一旦荷载正常传递到了 4 根杆件的最下部，那么就不存在整体失稳问题了。更何况，此内圈对杆件的约束远远小于支座的作

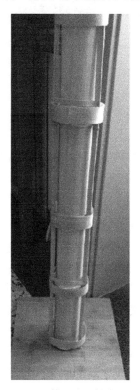

图 8-22　第四届北航大学生
建筑结构设计竞赛作品（八）

图 8-23　第四届北航大学生
建筑结构设计竞赛作品（九）

图 8-24　第四届北航大学生
建筑结构设计竞赛作品（十）

用。总的来说，设计者在设计理念上没有什么不足，需要加强的是设计细节的处理。如果薄壁构件的厚度处理不当，其主要矛盾马上转移，所以，设计者应该全方位地思考结构。

25. 第四届北航大学生建筑结构设计竞赛作品（十一）（图 8-25）

作品点评：此结构虎头虎脑、大大咧咧，一看就是超级重，没有点评价值。

26. 第四届北航大学生建筑结构设计竞赛作品（十二）（图 8-26）

作品点评：该结构上下均不封口，荷载施加于何处呢？真替参赛者犯愁。

27. 第四届北航大学生建筑结构设计竞赛作品（十三）（图 8-27）

作品点评：这样的结构设计者，一看就是一个富二代。他们家有用不完的料，随便用！

图 8-25　第四届北航大学生建筑结构设计竞赛作品（十一）　　图 8-26　第四届北航大学生建筑结构设计竞赛作品（十二）　　图 8-27　第四届北航大学生建筑结构设计竞赛作品（十三）

28. 第四届北航大学生建筑结构设计竞赛作品（十四）（图 8-28）

作品点评：参赛者估计是贵族出身，他们炫富的方式颇具美感。他们具有宝贵的工匠精神，锲而不舍地精雕细刻。他们一层层搭建、一根根拼装、一圈圈加固，体恤之心让人为之动容。或者，他们是一组应试教育的受害者。在他们的童年，饱受题海战术的折磨，到了大学，要把儿童时期不能自由搭积木的损失夺回来，所以借结构设计大赛的机会，拼命地搭建，拼命地发泄。不管怎样，他们的作品具有极限意义。因为，构件数量实在是不能再多了！

29. 第四届北航大学生建筑结构设计竞赛作品（十五）（图 8-29）

作品点评：该作品为三中空柱承压结构。选手为了加强三柱之间的联系，设计了两个横箍，以期解决柱子的失稳问题。但是，由于无法施加预应力（中空柱子承受不了），为防止横箍下落，又在横箍下部增设了托板，这是设计思路不完整的结果。事实上，由于中空柱的制作有问题，使得柱子成了开口的薄壁构件，基本失去了承压能力。构件不等整体失稳，就会发生局部承压破坏。

30. 第四届北航大学生建筑结构设计竞赛作品（十六）（图 8-30）

作品点评：该作品甚好地诠释了什么叫"行百里者半九十"。4 根立柱在各种横向的、斜向的杆件下，快要围合成一个承压结构，可是在封顶时停下来，导致前功尽弃。或许是选手误解了加载的方式，以为可以利用承压板加强 4 根立柱的联系，事实上没有。因此，该结构似乎可以称之为"非完整结构"。

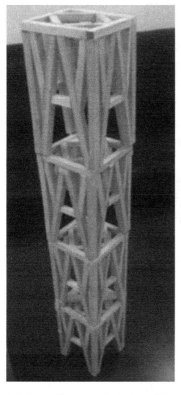  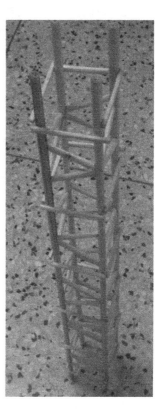

图 8-28　第四届北航大学生建筑　　图 8-29　第四届北航大学生建筑　　图 8-30　第四届北航大学生建筑
　　结构设计竞赛作品（十四）　　　　结构设计竞赛作品（十五）　　　　结构设计竞赛作品（十六）

31. 第四届北航大学生建筑结构设计竞赛作品（十七）（图 8-31）

作品点评：该结构为三柱体系结构，其横向联系的设计与整体抗扭能力，决定该结构的成败。作者用非均匀分布方式（上疏下密），解决柱子整体失稳问题，但是，由于梁柱相交方式简陋，对柱子的横向约束有限，上半部分结构依然有失稳危险。如果利用支座约束的作用，去掉下部的联系横杆，节约下来的材料用于加强上部结构的抗扭能力，或许更好。

32. 第四届北航大学生建筑结构设计竞赛作品（十八）（图 8-32）

作品点评：该结构设计思路清晰，结构体系完整，具有较好的承载能力。但是，由于四柱刚度与水平及斜杆的刚度相差过大，且连接方式过于随便，因此，结构的实际承载能力将大打折扣。如果改进结构的制作方法，切实做好梁柱节点，那么，四周的斜拉竹皮完全是多余的。因此，设计能力与制作能力是相辅相成的，如果梁柱节点对穿的功夫到位，横向约束更加合理，那么，很多构件将是不必要的。

33. 第三届北航大学生建筑结构设计竞赛作品（一）（图 8-33）

作品点评：此结构体态优美，制作精良，只要加载得当，结构在局部与整体都有很好的承受能力。从上至下螺旋式斜拉竹皮，进一步加强了结构的整体性，即使加载时有些许偏心，结构的整体抗扭能力也不会受到较大影响。这样的结构，从设计到制作，均需要一定的实力，是一件不可多得的好作品。

34. 第三届北航大学生建筑结构设计竞赛作品（二）（图 8-34）

   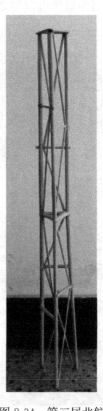

图 8-31　第四届北航
大学生建筑结构
设计竞赛作品（十七）

图 8-32　第四届北航
大学生建筑结构
设计竞赛作品（十八）

图 8-33　第三届北航
大学生建筑结构
设计竞赛作品（一）

图 8-34　第三届北航
大学生建筑结构
设计竞赛作品（二）

作品点评：此结构在节点与构件的制作上可圈可点。但是，承压结构的三大问题，此结构只解决了两个，还有一个抗扭问题。由于加载板是一个正方形的铁块，参赛者很难在比赛中找准荷载重心位置，所以，扭力矩必然存在，而这正是三角柱结构的短板。参赛者试图通过布置一定数量的斜撑解决，但是又怕浪费材料，仅仅是作出了象征性的努力。所以，点评者有理由担心此结构的最后一级加载。

35. 第三届北航大学生建筑结构设计竞赛作品（三）（图 8-35）

作品点评：该结构犯了结构设计大忌——三柱结构的致命毛病就是抗扭能力差。如果将三柱置于设计平面的最外侧，或许在精确地加载下（偏心较小）还有胜算。但是，如果像本作品一样，将三柱置于三角形环之内侧，则进一步减少了结构整体的抗扭能力。虽然此作品构思巧妙、外观漂亮、体型优美，但仍然有整体扭转失稳的危险。

36. 第三届北航大学生建筑结构设计竞赛作品（四）（图 8-36）

作品点评：该作品结构合理、体态轻巧，很有竞争力。三柱结构体系要求有足够的构件要消化平面外的扭力矩，那么这密密麻麻的斜杆，是否可以做得到？笔者认为：斜拉竹皮的刚度与四柱的刚度显然不匹配，如果换为斜杆，结构的容错能力将明显增强。

37. 第三届北航大学生建筑结构设计竞赛作品（五）（图 8-37）

作品点评：该结构粗制滥造，且不说柱子上打着补丁，就是斜杆与横杆，也是随意布置，毫无设计感。更令人失望的是加载面不闭合。显然，如果把底部的杆件用于封闭顶部的加载面，肯定更好。但是，为什么没有人告诉他们呢？由此看来，撰写本书很有必要！

图 8-35　第三届北航大学生
建筑结构
设计竞赛作品（三）

图 8-36　第三届北航大学生
建筑结构
设计竞赛作品（四）

图 8-37　第三届北航大学生
建筑结构
设计竞赛作品（五）

8.2　北京其他高校作品点评

1. 第三届北京市大学生建筑结构设计竞赛作品（一）（图 8-38）

作品点评：该作品设计优美，制作精良，尤其是承载面的编织效果，堪称工艺美术品。这样的设计，既简化了施工难度，又保持了很高的审美价值。更值得称道的是：参赛者放弃了"包裹式"编织收口，直接采用粘贴式，降低了横梁刚度，强化了冲击面的扩散作用，是对冲击荷载的最有效处理。该结构立柱并不强悍，但节点处理十分巧妙，让立柱、横梁、板面有三位一体的感觉，是一款难得的设计作品。不过，估计该作品质量会超过 100 克，在重量方面并没有优势。

图 8-38 第三届北京市大学生建筑结构设计竞赛作品（一）

2. 第三届北京市大学生建筑结构设计竞赛作品（二）（图 8-39）

图 8-39 第三届北京市大学生建筑结构设计竞赛作品（二）

作品点评：该作品对冲击荷载点的处理貌似稳妥，实则不然。如果不能有效利用竹皮之间的挤压与摩擦效果，而单纯靠竹皮的层数叠加抵抗冲击力，显然会有很大风险，至少是不经济的。抵抗冲击荷载的有效办法是通过整体结构的变形，而不是依靠构件的局部强度，因此，可以认为作品在设计思路上出现了偏差。不过，参赛者采用三根立柱的体系，虽然其美学意义有所下降，但结构的稳定性并不会受太大影响。

3. 第三届北京市大学生建筑结构设计竞赛作品（三）（图 8-40）

作品点评：该作品设计不当，制作粗糙。所谓设计不当，是指斜交的下层网面与正交的上层网面存在功能上的矛盾。上层的正交网面仅仅是作为下层网面设计不足或者设计错误的一个补丁。所谓制作粗糙，是指立柱多处开裂，对于这种中空薄壁构件，开裂是致命错误，没有任何胜算。

图 8-40　第三届北京市大学生建筑结构设计竞赛作品（三）

4. 第三届北京市大学生建筑结构设计竞赛作品（四）（图 8-41）

图 8-41　第三届北京市大学生建筑结构设计竞赛作品（四）

作品点评：该作品构思巧妙，但设计一般，制作也一般。两个倾斜的表面，对小球与大球荷载，有御敌门外的效果。要做到这一点，在冲击荷载施加的瞬时，网面应该具备足够的弹力。倾斜的网面，抵抗小球的冲击，应该是没有问题的；对于大球，底部的托梁具有一定的刚度，使得在第一波打击后大球回弹，之后，大球会随着斜面滚落，从而达到保护的效果。但是，该设计有些问题：其一，立柱直径太大，与横梁不成比例；其二，横梁多余，因为，立柱之间的联系，已经可以由倾斜的横梁完成，没有必要重复；其三，中柱的存在价值不大，可以考虑去掉。

5. 第三届北京市大学生建筑结构设计竞赛作品（五）（图 8-42）

作品点评：该设计结构完整，画面精致，强弱关系得当，传力路径清晰，但是，参赛者犯了方向性的错误——下凹的网面利于荷载的聚集而不利于荷载的消散。冲击荷载是瞬时荷载，结构在遭受瞬时荷载打击后又要承受静力荷载，增大了结构受力风险。由于网面的层数有限，大球也可能穿透网面，应该考虑放松横梁刚度，增加冲击点网面厚度。

图 8-42　第三届北京市大学生建筑结构设计竞赛作品（五）

6. 第三届北京市大学生建筑结构设计竞赛作品（六）（图 8-43）

图 8-43　第三届北京市大学生建筑结构设计竞赛作品（六）

作品点评：该结构设计轻巧、制作优良，但网面过于稀疏，对荷载冲击点的加固不够，大球穿透网面的可能性较大。

第9章 建筑结构设计竞赛赛题

9.1 第四届北航大学生建筑结构设计竞赛赛题

1. 竞赛题目

竹质多层房屋结构。

2. 竞赛概况

竞赛内容包括三个部分：模型设计、模型制作、模型测试。

（1）模型设计

每个参赛小组在比赛当天登记并提交一份计算书。计算书需要详细说明此结构设计，并据此制作模型。

（2）模型制作

每个参赛小组在比赛当天提交参赛模型。只可使用竞赛组委会提供的材料。

（3）模型测试

模型的结构测评将在比赛当天进行。每个模型需要经受三级加载试验。每个小组需把模型放在试验台上在评委面前进行加载试验。

3. 材料和工具

大赛将提供以下材料，用于制作模型。

（1）竹材（表9-1）

竹材规格及数量   表 9-1

竹材规格		竹材名称	数量
竹皮	1250mm×430mm×0.50mm	本色侧压双层复压竹皮	2张
	1250mm×430mm×0.35mm	本色侧压双层复压竹皮	2张
	1250mm×430mm×0.20mm	本色侧压单层复压竹皮	2张

（2）其他材料和工具：胶粘剂502胶水、砂纸、切割刀、直尺、三角尺、量角器、铅笔、橡皮擦。

4. 结构模型

本次比赛旨在设计并制作一个竹质多层房屋结构，如图9-1所示（示意图）。该模型要求以尽可能轻的重量来经受三项加载试验，同时应力求美观。

模型固定在组委会提供的500mm×500mm底板上，用热熔胶固定。

该结构外轮廓尺寸高度为800mm（误差±3mm），平面尺寸不大于100mm×100mm，所有结构的组成部分必须由组委会提供的竹皮制成。该模型必须遵循所提供的尺寸，否则取消比赛资格。

结构至少分为 3 层，模型质量不得超过 200g。

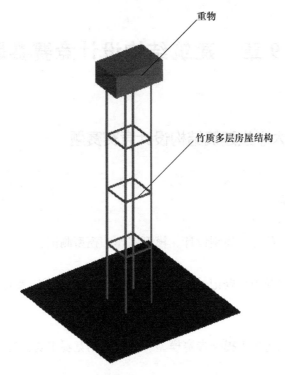

图 9-1　竹质多层房屋结构加载示意图

5. 加载方法

所有模型将经过三道加载试验，其顺序为：一级静载试验、二级静载试验和三级静载试验。每个小组需在委员会的指导和协助下进行荷载试验。在加载试验期间，每个小组有责任小心保护好模型，使模型在测试之前不至于损坏。只有那些成功通过前一级试验的模型，才能继续进行下一级试验。

（1）一级静载试验

第一项加载试验，结构顶部居中放置 10kg 重物（尺寸为 180mm×115mm）。要求重物与结构不得发生脱离，任何构件不得发生损坏，结构不得发生倾覆。本次加载持续时间为 15s。

（2）二级静载试验

第二项加载试验，结构顶部居中放置 15kg 重物（由 1 个 10kg 重物和 1 个 5kg 重物叠加，5kg 重物尺寸为 140mm×90mm）。要求重物与结构不得发生脱离，任何构件不得发生损坏，结构不得发生倾覆。本次加载持续时间为 20s。

（3）三级静载试验

第三项加载试验，结构顶部居中放置 20kg 重物（由 2 个 10kg 重物叠加）。要求重物与结构不得发生脱离，任何构件不得发生损坏，结构不得发生倾覆。本次加载持续时间为 20s。

6. 模型现场安装、加载及测试步骤

（1）赛前准备

1）对底板进行称重，得到质量 M_1（单位：g）；

2）核查模型尺寸是否满足制作要求；

3）提交模型前，用热熔胶将模型与底板粘结牢固，该步骤按抽签比赛顺序提前两队开始；

4）称量包含底板的模型质量 M_2（单位：g）；

5）以上过程由各队自行完成，赛会人员负责监督、标定测量仪器和记录。如在此过程中出现模型损坏，则视为丧失比赛资格。

（2）加载及测试步骤

1）得到入场指令后，迅速将模型及底板运进场内，安装在固定台上，完成第一级加载。赛场内安装时间不得超过 5min。

2）参赛队代表进行 2min 陈述，之后评委提问，参赛队员回答问题。

3）依次进行二、三级加载。

7. 评分规则

（1）结构评分按总分 100 分计算，其中包括：

A. 计算书及设计图	10%	（共 10 分）
B. 结构选型与制作质量	10%	（共 10 分）
C. 现场表现	5%	（共 5 分）
D. 加载表现	75%	（共 75 分）

（2）评分细则：

A. 计算书及设计图（共 10 分）

a. 计算内容的完整性　　　　　　　　　　　　　（共 6 分）

b. 图文表达的清晰性、规范性　　　　　　　　　（共 4 分）

注：计算书要求包含结构选型、结构建模及主要计算参数、受荷分析、节点构造、模型加工图（含材料表）。

B. 结构选型与制作质量（共 10 分）

a. 结构合理性与创新性　　　　　　　　　　　　（共 6 分）

b. 模型制作美观性　　　　　　　　　　　　　　（共 4 分）

C. 现场表现（共 5 分）

a. 赛前陈述　　　　　　　　　　　　　　　　　（共 3 分）

b. 赛中答辩　　　　　　　　　　　　　　　　　（共 2 分）

D. 加载表现（共 75 分）

设 $(M_2-M_1)_{\min}$ 为所有参赛模型中 M_2-M_1 的最小值，$(M_2-M_1)_i$ 为第 i 组参赛模型中 M_2-M_1 的值，加载表现分 K_i 的计算公式如下：

$$K_i = \frac{(M_2-M_1)_{\min}}{(M_2-M_1)_i} \times \alpha \times 75$$

式中：α 为荷载调整系数，通过第一级加载取 0.2，通过第二级加载取 0.8，通过第三级加载取 1.0。第一级加载失效者，α 为 0。

以上 A～D 各项得分相加，分数最高者胜出。

9.2　第五届北航大学生建筑结构设计竞赛赛题

1. 竞赛题目

竹质单跨桥梁结构。

2. 竞赛概况

竞赛内容包括三个部分：模型设计、模型制作、模型测试。

（1）模型设计

每个参赛小组在比赛当天登记并提交一份计算书。计算书需要详细说明此结构设计，并据此制作模型。

（2）模型制作

每个参赛小组在比赛当天提交参赛模型。只可使用竞赛组委会提供的材料。

（3）模型测试

模型的结构测评将在比赛当天进行。每个模型需要经受三级加载试验。每个小组需把模型放在试验台上在评委面前进行加载试验。

3. 材料和工具

大赛将提供以下材料，用于制作模型。

（1）竹材（表9-2）

竹材规格及数量 表 9-2

竹材规格		竹材名称	数量
竹皮	1250mm×430mm×0.50mm	本色侧压双层复压竹皮	2张
	1250mm×430mm×0.35mm	本色侧压双层复压竹皮	2张
	1250mm×430mm×0.20mm	本色侧压单层复压竹皮	2张

（2）其他材料和工具：胶粘剂502胶水、砂纸、切割刀、直尺、三角尺、量角器、铅笔、橡皮擦。

4. 结构模型

竞赛模型为竹质单跨桥梁结构，如图9-2所示（示意图）。采用竹皮材料制作，具体结构形式不限，该模型要求以尽可能轻的重量来经受三项加载试验，同时应力求美观。

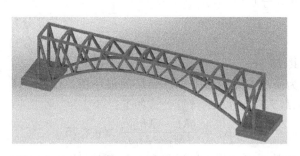

图 9-2 模型示意图

几何尺寸要求：

（1）模型长度：模型有效长度（即悬空部分）为1000mm（误差±4mm）；

（2）模型宽度：在模型有效长度范围内，模型宽度应不小于180mm，最宽不应超过200mm；

（3）模型高度：模型上下表面距离最大位置的高度不应超过400mm，模型跨中净空高度不小于100mm。

结构形式要求：

对于结构形式没有特定要求，模型桥面应能放置 1000mm×180mm×2mm 轻质木板（约 0.04kg）。桥面板不与结构粘连，属于柔性板，主要作用为搁置加载砝码。桥面板上设置两个车道，以方便加载。

结构可以仅采用竖向支撑的方式，也可以采用竖向和侧向同时支撑的方式来实现约束，如果模型制作失误，不能够完成约束和加载，后果由参赛队伍自行承担。

5. 加载方法

所有模型将经过三道加载试验，其顺序为：一级静载试验、二级静载试验和三级静载试验（图 9-3）。在加载试验期间，每个小组有责任小心保护好模型，使模型在测试之前不至于损坏。只有那些成功通过前一级试验的模型，才能继续进行下一级试验。

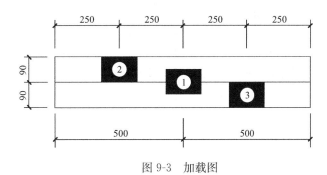

图 9-3　加载图

（1）一级静载试验

第一项加载试验，桥面木板居中放置 5kg 重物（尺寸为 140mm×90mm）。要求重物与结构不得发生脱离，任何构件不得发生损坏，结构不得发生倾覆。本次加载持续时间为 15s。

（2）二级静载试验

第二项加载试验，桥面木板 1/4 跨居中单车道放置 5kg 重物。本次加载持续时间为 20s。

（3）三级静载试验

第三项加载试验，桥面木板 1/4 跨居中单车道、3/4 跨居中另一车道各放置 5kg 重物。本次加载持续时间为 20s。

6. 模型现场安装、加载及测试步骤

（1）赛前准备

1）核查模型尺寸是否满足制作要求。

2）提交模型前，称量模型质量 M（单位：g）；领取自攻螺钉（按 1 颗自攻螺钉计 1 克，计入模型质量），该步骤按抽签比赛顺序提前两队开始。

3）以上过程由各队自行完成，赛会人员负责监督。如在此过程中出现模型损坏，则视为丧失比赛资格。

（2）加载及测试步骤

1）得到入场指令后，迅速将模型运进场内，安装在固定台上，完成第一级加载。赛场内安装时间不得超过 5min。

2）参赛队代表进行 2min 陈述，之后评委提问，参赛队员回答问题。

3) 依次进行二、三级加载。

7. 评分规则

（1）结构评分按总分 100 分计算，其中包括：

A. 计算书及设计图	10%	（共 10 分）
B. 结构选型与制作质量	10%	（共 10 分）
C. 现场表现	5%	（共 5 分）
D. 加载表现	75%	（共 75 分）

（2）评分细则

A. 计算书及设计图（共 10 分）

a. 计算内容的完整性 （共 6 分）

b. 图文表达的清晰性、规范性 （共 4 分）

注：计算书要求包含结构选型、结构建模及主要计算参数、受荷分析、节点构造、模型加工过程照片 10 张（提供模型全图照片 1 张、裁剪竹皮前划线照片 1 张、竹皮裁断后摆放照片 1 张、竹皮打磨照片 1 张、竹皮截面折叠照片 1 张、杆件的制作过程照片 3 张、杆件节点粘接照片 1 张、节点缝隙填塞照片 1 张）。

B. 结构选型与制作质量（共 10 分）

a. 结构合理性与创新性 （共 6 分）

b. 模型制作美观性 （共 4 分）

C. 现场表现（共 5 分）

a. 赛前陈述 （共 3 分）

b. 赛中答辩 （共 2 分）

D. 加载表现（共 75 分）

设 $M_{\min}$ 为所有参赛模型中 M 的最小值，M_i 为第 i 组参赛模型中 M 的值，加载表现分 K_i 的计算公式如下：

$$K_i = \alpha \frac{M_{\min}}{M_i}$$

式中：α 为荷载调整系数，通过第一级加载取 0.2，通过第二级加载取 0.8，通过第三级加载取 1.0。第一级加载失效者，α 为 0。

以上 A～D 各项得分相加，分数最高者胜出。

9.3 第十二届全国大学生结构设计竞赛赛题

1. 竞赛题目

承受多荷载工况的大跨度空间结构模型设计与制作。

2. 竞赛概况

竞赛内容包括三个部分：模型设计、模型制作、模型测试。

（1）模型设计

每个参赛小组在比赛当天登记并提交一份计算书。计算书需要详细说明此结构设计，并据此制作模型。

（2）模型制作

每个参赛小组在比赛当天提交参赛模型。只可使用竞赛组委会提供的材料。

（3）模型测试

模型的结构测评将在比赛当天进行。每个模型需要经受三种荷载：荷载方式详见本节"6.加载与测量"。每个小组需把模型放在加载台上在评委面前进行加载试验。

3. 材料和工具

（1）竹材，用于制作结构构件。

竹材规格及数量见表9-3，竹材参考力学指标见表9-4。

竹材规格及数量　　　　表9-3

竹材规格		竹材名称	数量
竹皮	1250mm×430mm×0.50mm	本色侧压双层复压竹皮	2张
	1250mm×430mm×0.35mm	本色侧压双层复压竹皮	2张
	1250mm×430mm×0.20mm	本色侧压单层复压竹皮	2张
竹条	900mm×6mm×1mm		20根
	900mm×2mm×2mm		20根
	900mm×3mm×3mm		20根

注：竹条实际长度为930mm。

竹材参考力学指标　　　　表9-4

密度	顺纹抗拉强度	抗压强度	弹性模量
0.8g/cm³	60MPa	30MPa	6GPa

（2）502胶水：用于模型结构构件之间的连接，限8瓶。

（3）制作工具：美工刀3把、剪刀2把、镊子2把、6寸水口钳1把、滴管若干、铅笔两支、钢尺（30cm）以及丁字尺（1m）各一把、三角尺（20cm）一套、打孔器。

（4）测试附件为30mm×30mm的铝片，重20g，用于挠度测试。

（5）尼龙挂绳，此挂绳仅用于绑扎挂钩用，不得用于模型构件使用，称重时挂绳绑扎在结构上一起称重。

4. 结构模型

本次比赛要求参赛队设计并制作一个大跨度空间屋盖结构模型，模型构件允许的布置范围为两个半球面之间的空间，如图9-4所示，内半球体半径为375mm，外半球体半径为550mm。该模型要求以尽可能轻的重量来经受三项加载试验，同时应力求美观。

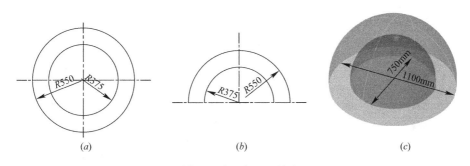

图9-4　模型区域示意图（单位：mm）

（a）平面图；（b）剖面图；（c）3d图

模型需在指定位置设置加载点，加载示意图如图9-5所示。模型放置于加载台上，先在8个点上施加竖向荷载（加载点位置及编号规则详见后文），具体做法是：采用挂钩从加载点上引垂直线，并通过转向滑轮装置将加载线引到加载台两侧，采用在挂盘上放置砝码的方式施加垂直荷载。在8个点中的点1处施加变化方向的水平荷载，具体做法是：采用挂钩从加载点上引水平线，通过可调节高度的转向滑轮装置将加载线引至加载台一侧，并在挂盘上放置砝码用于施加水平荷载。施加水平荷载的装置可绕通过点1的竖轴旋转，用于施加变化方向的水平荷载。具体加载点位置及方式详见后续模型加载要求。

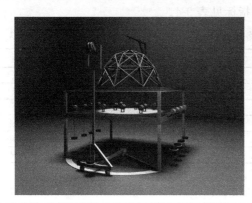

图9-5　加载3d示意图

（注：本图的模型仅为参考构型，只要满足题目要求的结构均为可行模型）

5. 模型理论方案要求

理论方案指模型的设计说明书和计算书。计算书要求包含：结构选型、结构建模及计算参数、多工况下的受荷分析、节点构造、模型加工图（含材料表）。文本封面要求注明作品名称、参赛学校、指导老师、参赛学生姓名、学号；正文按设计说明书、方案图和计算书的顺序编排。除封面外，其余页面均不得出现任何有关参赛学校和个人的信息，否则理论方案为零分。

6. 加载与测量

（1）荷载施加方式概述

竞赛模型加载点如图9-6所示，在半径为150mm和半径为260mm的两个圆上共设置

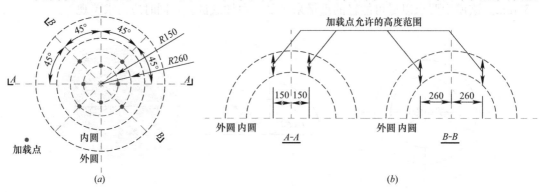

图9-6　加载点位置示意图

（a）加载点平面位置图；（b）加载点剖面图

8个加载点，加载点允许高度范围见图9-6（b），可在此范围内布置加载点。比赛时将施加三级荷载，第一级荷载在所有8个点上施加竖直荷载；第二级荷载在 $R=150\text{mm}$（以下简称内圈）及 $R=260\text{mm}$（以下简称外圈）这两圈加载点中各抽签选出2个加载点施加竖直荷载；第三级荷载在内圈加载点中抽签选出1个加载点施加水平荷载。具体加载方式详见后文。

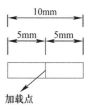

图9-7 加载点卡槽示意图

比赛时选用2mm粗高强尼龙绳，绑成绳套，固定在加载点上，绳套只能捆绑在节点位置，尼龙绳仅作挂重用，不兼作结构构件。每根尼龙绳长度不超过150mm，捆绑方式自定，绳子在正常使用条件下能达到25kg拉力。每个加载点处，选手需用红笔标识出以加载点为中心、左右各5mm、总共10mm的加载区域，如图9-7所示，绑绳只能设置在此区域中。加载过程中，绑绳不得滑动出此区域。

（2）模型安装到承台板

1）安装前先对模型进行称重（包括绳套），记 M_A（精度0.1g）。

2）参赛队将模型安装在承台板上，承台板为1200mm（长）×1200mm（宽）×15mm（高）的生态木板，中部开设了可通过加载钢绳的孔洞。安装时模型与承台板之间采用自攻螺钉（1g/颗）连接，螺钉总质量记为 M_B（单位：g）；整个模型结构（包括螺钉）不得超越规定的内外球面之间范围（内半径375mm、外半径550mm），若安装时自己破坏了模型结构，不得临时再做修补。安装时间不得超过15min，每超过1min总分扣去2分，扣分累加。

3）模型总重 $M_1=M_A+M_B$（精度0.1g）。

（3）抽签环节

本环节选手通过两个随机抽签值确定模型的第三级的水平荷载加载点（对应模型的摆放方向）及第二级的竖向随机加载模式。

1）抽取第三级加载时水平荷载的加载点

参赛队伍在完成模型制作后，要在内圈4个加载点附近用笔（或者贴上便签）按顺时针明确标出 A、B、C、D，如图9-8（a）所示。采用随机程序从 A 至 D 4个英文大写字母中随机抽取一个，所抽到字母即为参赛队伍第三级水平荷载的加载点。此时，将该点旋转对准 x 轴的负方向，再将该加载点重新定义为1号点。另外7个加载点按照图9-8（b）所示规则编号：按照顺时针的顺序，在模型上由内圈到外圈按顺时针标出2~8号加载点。例如，若在抽取步骤1）中抽到 B，则应该按图9-8（c）定义加载点的编号，其他情况以此类推。

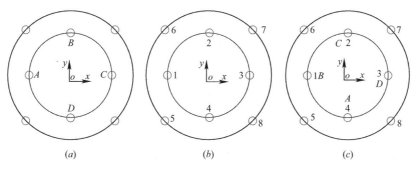

(a)   (b)   (c)

图9-8 加载点抽签编号图

2）抽取第二级竖向荷载的加载点

第二级竖向荷载的加载点是按照图 9-9 中的 6 种加载模式进行随机抽取的，抽取方式是用随机程序从（a）至（f）中随机抽取一个，抽到的字母对应到图 9-9 中相应图的加载方式，图中带方框的加载点即为第二级施加偏心荷载的加载点。

图 9-9 中点 1~8 的标号与抽取步骤 1）中确定的加载点标号一一对应。例如，如果在此步骤中抽到（d），则在 1、2、5、7 号点加载第二级偏心荷载，在 1 号点上加载第三级水平荷载。

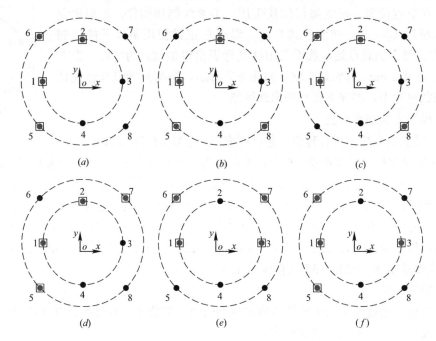

图 9-9　6 种竖向荷载加载模式示意图
（带方框的点表示第二级垂直荷载的加载点）

（4）模型几何尺寸检测

1）几何外观尺寸检测

模型构件允许存在的空间为两个半球体之间，如图 9-4 所示。检测时，将已安装模型的承台板放置于检测台上，采用如图 9-10 的检测装置 A 和 B，其中 A 与 B 均可绕所需检测球体的中心轴旋转 180°。检测装置已考虑了允许选手有一定的制作误差（内径此处允许值为 740mm，外径为 1110mm）。要求检测装置在旋转过程中，模型构件不与检测装置发生接触。若模型构件与检测装置接触，则代表检测不合格，不予进行下一步检测。

2）加载点位置检测

采用如图 9-11 的检测装置 C 检测 8 个竖直加载点的位置。该检测台有 8 个以加载点垂足为圆心、15mm 为半径的圆孔。选手需在步骤（2）时捆绑的每个绳套上利用 S 形钩挂上带有 100g 重物的尼龙绳，尼龙绳直径为 2mm。8 根自然下垂的尼龙绳，在绳子停止晃动之后，可以同时穿过圆孔，但都不与圆孔接触，则检测合格。尼龙绳与圆孔边缘接触则视为失效。

水平加载点采用了点 1 作为加载位置，考虑到绑绳需要一定的空间位置，水平加载点定位与垂直加载点空间距离不超过 20mm。

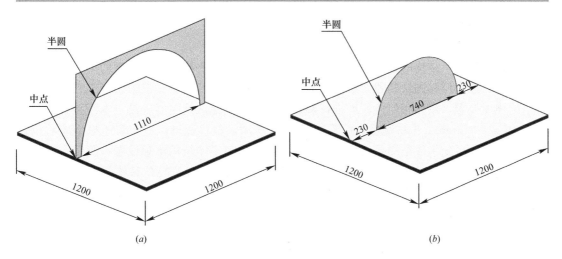

图 9-10 几何外观尺寸检测装置示意图（单位：mm）

（a）外轮廓检测装置 A；（b）内轮廓检测装置 B

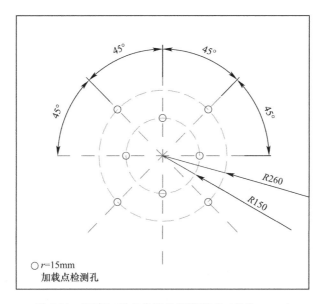

图 9-11 竖直加载点位置检测装置 C（单位：mm）

以上操作在志愿者监督下，由参赛队员在工作台上自行完成，过程中如有损坏，责任自负。如未能通过以上两项检测，则判定模型失效，不予加载。

在模型检测完毕后，队员填写第二、第三级荷载的具体数值（具体荷载范围见后文），签名确认，此后不得更改。

（5）模型安装到加载台上

参赛队将安装好模型的承台板抬至加载台支架上，将点 1 对准加载台的 x 轴负方向，用 G 形木工夹夹住底板和加载台，每队提供 8 个夹具，由各队任选夹具数量和位置，也可不用。

在模型竖直加载点的尼龙绳吊点处挂上加载绳，在加载绳末端挂上加载挂盘，每个挂盘及加载绳的质量之和约为每套 500g。调节水平加载绳的位置到水平位置，水平加载挂盘在施加第三级水平荷载的时候再挂上。

（6）模型挠度的测量方法

工程设计中，结构的强度与刚度是结构性能的两个重要指标。在模型的第一、二级加载过程中，通过位移测量装置对结构中心点的垂直位移进行测量。根据实际工程中大跨度屋盖的挠度要求，按照相似性原理进行换算，再综合其他试验因素后设定本模型最大允许位移为$[w]=12mm$。位移测量点位置如图 9-12 所示，位移测量点应布置于模型中心位置的最高点，并可随主体结构受载后共同变形，而非脱离主体结构单独设置。测量点处粘贴重量不超过 20g 的尺寸为 30mm×30mm 的铝片，采用位移计进行位移测量。参赛队员必须在该位移测量处设置支撑铝片的杆件。铝片应粘贴牢固，加载过程中出现脱落、倾斜而导致的位移计读数异常，各参赛队自行负责。

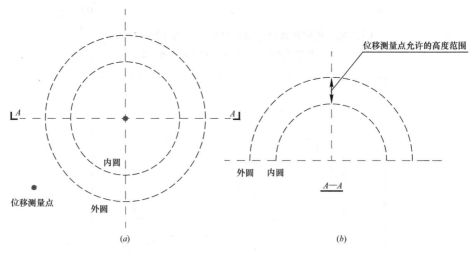

图 9-12　位移测量点位置示意图
(a) 位移测量点平面位置图；(b) 位移测量点位置剖面图

在步骤（5）完成后，将位移计对准铝片中点，位移测量装置归零，位移量从此时开始计数。

步骤（5）及步骤（6）的安装过程由各队自行完成，赛会人员负责监督、标定测量仪器和记录。如在此过程中出现模型损坏，则视为丧失比赛资格。安装完毕后，不得再触碰模型。

（7）具体加载步骤

加载分为三级，第一级是竖直荷载，在所有加载点上每点施加 5kg 的竖向荷载；第二级是在第一级荷载基础上，在选定的 4 个点上每点施加 4～6kg 的竖向荷载（注：每点荷载需是同一数值）；第三级是在前两级荷载基础上，施加变方向水平荷载，大小在 4～8kg之间。第二、三级的可选荷载大小由参赛队伍自己选取，按 1kg 为最小单位增加。现场采用砝码施加荷载，有 1kg 和 2kg 两种规格。

1）第一级加载：在图 9-6 中的 8 个加载点，每个点施加 5kg 的竖向荷载；并对竖向位移进行检测。在持荷第 10 秒时读取位移计的示数。稳定位移不超过允许的位移限值 $[w]=12mm$（注：本赛题规则中所有的位移均是指位移绝对值，若在加载时，位移往上超过 12mm 也算失效），则认为该级加载成功。否则，该级加载失效，不得进行后续加载。

2）第二级加载：在第一级荷载基础上，在步骤（3）抽取的 4 个荷载加载点处施加

4～6kg 的竖向荷载（每个点荷载相同）；并对竖向位移进行检测。在持荷第 10 秒时读取位移计示数，稳定位移不超过允许的位移 [w]＝12mm，则认为该级加载成功。否则，该级加载失效，不得进行后续加载。

3）第三级加载：在前两级荷载基础上，在点 1 上施加变动方向的水平荷载。比赛选手首先在 Ⅰ 点处挂上选定荷载，而后参赛队伍自己推动已施加荷载的可旋转加载装置，依次经过 Ⅰ、Ⅱ、Ⅲ、Ⅳ 四点，并且不受到结构构件的阻挡。这 4 个点的位置关系如图 9-13 所示。转到 Ⅰ、Ⅱ、Ⅲ、Ⅳ 这四点时，应各停留 5s。如果加载过程中模型没有失效，则加载成功。

以上三级的总加载时间不超过 4min。若超过此时间，每超过 1min 总分扣去 2 分，扣分累加。

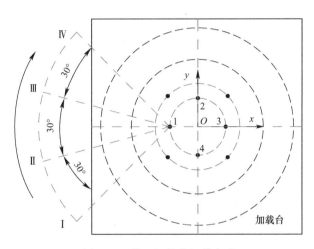

图 9-13 第三级荷载加载方式

无特殊情况下（是否特殊情况由专家组判定），每个队伍从模型安装到加载台上 [步骤（5）开始] 到加载结束应在 10min 内结束，若超过此时间，每超过 1min 总分扣去 2 分，扣分累加。

（8）模型失效评判准则

加载过程中，出现以下情况，则终止加载，本级加载及以后级别加载成绩为零：

1）加载过程中，若模型结构发生整体倾覆、垮塌，则终止加载，本级加载及以后级别加载成绩为零；

2）如果设置的挂绳断裂或者脱落失效，也应视为模型失效；

3）第一级或第二级荷载加载时挠度超过允许挠度限值 [w]；

4）评委认定不能继续加载的其他情况。

7. 评分标准

（1）总分构成

结构评分按总分 100 分计算，其中包括：

A. 理论方案分值：5 分

B. 模型结构选型与质量分值：10 分

C. 现场陈述与答辩分值：5 分

D. 加载表现分值：80 分

（2）评分细则

A. 理论方案：满分 5 分

第 i 队的理论方案得分 A_i 由专家根据计算内容的科学性、完整性、准确性和图文表达的清晰性与规范性等进行评分；理论方案不得出现参赛学校的标识，否则为零分。

注：计算书要求包含结构选型、结构建模及主要计算参数、受荷分析、节点构造、模型加工图（含材料表）。

B. 模型结构选型与质量：满分 10 分

第 i 队的模型结构选型与质量得分 B_i 由专家根据模型结构的合理性、创新性、制作质量、美观性和实用性等进行评分；其中结构合理性与创新性占 6 分，模型制作美观性占 4 分。

C. 现场陈述与答辩：满分 5 分

第 i 队的现场表现 C_i 由专家根据队员现场综合表现（内容表述、逻辑思维、创新点和回答等）进行评分。

D. 加载表现：满分 80 分

a. 计算第 i 支参赛队的单位自重承载力 k_{1i}、k_{2i}、k_{3i}。

第一级加载成功时，各参赛队模型的自重为 M_i（单位：g），承载质量为 G_{1i}（单位：g），此处的质量除了各队的承载质量外，还包括 8 个加载托盘及加载线的质量，每个托盘＋加载线按 500g 计算，单位承载力为 k_{1i}：

$$k_{1i} = G_{1i}/M_i$$

单位承载力最高的小组得分 25 分，作为满分，其单位承载力记为 k_{1max}，其余小组得分为 $25k_{1i}/k_{1max}$。

第二级加载成功时，各参赛队模型的自重为 M_i（单位：g），承载质量为 G_{2i}（单位：g），G_{2i} 为参赛队自报的第二级加载总质量，单位承载力为 k_{2i}：

$$k_{2i} = G_{2i}/M_i$$

单位承载力最高的小组得分 25 分，作为满分，其单位承载力记为 k_{2max}，其余小组得分为 $25k_{2i}/k_{2max}$。

第三级加载成功时，各参赛队模型的自重（包括螺钉重量）为 M_i（单位：g），承载质量为 G_{3i}（单位：g），G_{3i} 除了参赛队自报的水平加载质量外，还包括 1 个加载托盘及加载线的质量，托盘＋加载线按 500g 计算，单位水平承载力为 k_{3i}：

$$k_{3i} = G_{3i}/M_i$$

单位承载力最高的小组得分 30 分，作为满分，其单位承载力记为 k_{3max}，其余小组得分为 $30k_{3i}/k_{3max}$。

b. 模型承载力综合得分 D_i

$$D_i = 25k_{1i}/k_{1max} + 25k_{2i}/k_{2max} + 30k_{3i}/k_{3max}$$

（3）总分计算公式

第 i 支队总分计算公式为：$F_i＝A_i＋B_i＋C_i＋D_i$

附　　录

《阿刁》与结构设计大赛

黄达海

2018.11.24

　　《阿刁》是一首歌曲，它描述的是一位"非主流歌手"的不懈追求。她追求什么？奇怪的自我打扮？独特的音乐风格？自由无羁的天性？还是世俗的功成名就？也许都不是，也许都有。反正，从张韶涵在《阿刁》中的情感诉求与精神诉求看，她也许就是我们每一个人，我们在座的每一个人！

　　但是，张韶涵是如何在短短五分钟内，找到我们每一个人共同的生存密码，然后通过声音与旋律演绎出来？展现出来？她是如何在短短的五分钟内，把我们每一个人进行拓扑变换后，找到我们精神上共同的图谱，然后通过声音刻画得如此活灵活现、入木三分？她是如何在五分钟内，拨动我们的心弦，震撼我们的灵魂？我不是专家，难以说清楚。但是，可以反过来说：

　　（1）如果她的唱功不行，没有漂亮的高音，难以通过声音模拟在山顶自由高飞的鹰；如果她没有清晰的吐字，我们不会感受到阿刁在大昭寺门前的孤独，我们就不会被她打动，甚至有可能听不完，就关机。

　　（2）如果在演唱中，她没有饱满的情绪、丰富的表情、优美的肢体语言，我们也许不会被带动，不会和她一起高飞，也不会和她一起低吟，更不可能关注她的每一眨眼每一皱眉，不会深陷其中而不能自拔。

　　（3）如果歌曲本身没有优美的旋律，没有丰富的内容、完整的结构、和谐的伴唱，我们不会认为，这是一部伟大的作品。或许，我们仅仅是把它当成一首普通流行歌曲，听听罢了，不听也行，更不会让它进入北航的教学课堂。

　　（4）更为重要的是，演唱者张韶涵的个人星途与阿刁的命运，如出一辙，感同身受。她在演唱的时候，将个人所有的追求、所有的委屈、所有的爱恋，借阿刁之口，喷薄而出，酣畅淋漓，达到了作品与作品演绎者的真假难辨、水乳交融。听众恍然中、朦胧中，觉得舞台上那个漂亮的张韶涵，就是她口中的念念叨叨的阿刁，就是在座的摇摇晃晃的每一个人。

　　不得不说，创造这样一部完美的作品，不仅仅需要非凡的作曲能力、演唱能力与指挥能力，还需要常常被人们忽略的组织能力、协调能力与容错能力。这些，正是本次结构设计大赛中，需要大家历练的部分内容。

　　除此以外，在技术上，我们的结构设计大赛，仍然需要同学们学习《阿刁》这部作品的完整性、协调性与简洁性。

具体而言，什么是一个竞赛作品的完整性？仅仅是计算书？说明书？计算简图？不是！那是另外一种形式的完整性。这里的作品完整性，仅仅是指作品本身——包括连接部分、基础部分、骨架部分、受载部分、测量部分等。如同阿刁的开场，叙述、积累、高潮、结尾，每一部分交代得清清楚楚，这就叫结构的完整性。

什么是结构的协调性？分三个层次：其一是平面内与平面外的协调，如同《阿刁》的主唱与伴唱；其二是水平刚度与垂直刚度的协调，如同《阿刁》的说唱部分与演唱部分；其三是构件与构件之间的协调，如同《阿刁》中句子与句子之间的长短安排。这里的协调方式，是整个作品的基本功，非十天半月能够说透，但是，大家可以凭直觉、凭感觉也能大致理解一二。最有效的方式是保持黄金比例，这是力学与美达成共识的专用密码。也就是说，看起来比较美丽的作品，常常就是比较好的作品。

什么是结构的简洁性？所谓简洁性，就是作品需要打磨，打磨掉所有多余的东西。如果没有受力软件的支持，初学者并不知道何处多余何处必须，因此，一个完整的竞赛过程，不仅需要试验加载，还需要数值模拟，更需要老师临场指点！

在过去的比赛中，一个最明显的遗憾就是学生们的作品中多余的构件太多太多，甚至如同一块没有雕刻的石头，因此，很难称得上是一件作品。希望大家学习《阿刁》，纵有千言万语，请用最简单的旋律表达，不要自己觉得，哪里危险，就在哪里加上一块补丁。

除了上述三个方面的要求，当然需要学生有基本的学习能力。看看往届的作品，哪些比较成功，哪些明显不行，可避免自己走过多的弯路。在我这个外行看来，《阿刁》是完美的，但不等于内行也这么看。所以，如果大家创造的作品不完美，也十分正常，不能影响大家继续创造的热情。但是，如果作品明显具有以下特征，请立即咨询相应的指导老师：(1)传力路径不清楚；(2)非一次设计；(3)半成品；(4)明显不美。

风定方知蝉在树，云散始觉月临窗。又土又木的土木系，一开始肯定不入各路英雄的法眼。但是，结构之力、建筑之美，不是哪个智能机器人能够欣赏的。真心希望大家走进土木，了解结构。

最后，愿各路参赛选手，飞如阿刁，美如张韶涵。

北方的廊桥

黄达海

2018.3.28

北方的河，是大河，
北方的桥，是大桥。
弯曲的河水，
不屈的船工，
和着缕缕霞光，
荡起道道金波。

南方的雨，是细雨，
南方的桥，是廊桥。
赶考的书生，
躲雨的村姑，
廊桥上演绎滚烫爱情，
留下千年传说。

哟，千年一瞬，
一瞬千年，
南方桥边的孩子，
如今在北方漂泊。
他停歇的地方，
依然有故乡式的廊桥，
故乡式的河。

防卫之魂

黄达海

2014.3.20

不是 TMD，
也不是 NMD，
你，不能和他们一样，
在敌弹发射后几秒之内腾空而起，
用自己的血肉之体，
在万米高空与敌弹同归于尽。

不是万里长城，
不是铜墙铁壁，
你，没有持久的时间，
成长为强大的身躯，
即使万箭穿心，
即使百孔千疮，
也不改防护的意义。

但，你也是忠诚之师，
也有卫士之魂，
虽不能主动迎敌，
但可以迎接打击。
你虽然不能跃起，
但是可以微微弯曲，
以竹之韧性，轻轻一弹，
便让来犯之敌，
变得可笑与滑稽。

16 颗小弹的挑衅，
如隔靴搔痒，
你，还没有感觉，
他们就四处散开。
10 斤重的大弹砸来，

傍观者不能呼吸，
但你只需轻轻一晃，
伤点皮毛，无碍肝脾。

也许，你只有 0.1 秒钟的耐力，
但足以保卫重要的生命；
也许，你只有 0.1 克重的体力，
但足以让我为你殚精竭虑。
虽然只是土木学生的习作，
你，俨然已是我心中的防卫之魂，
不仅完成了防卫使命，
更使我懂得了生命的哲理。

参 考 文 献

[1] 刘鸿文. 材料力学 I（第 4 版）[M]. 北京：高等教育出版社，2004.

[2] 龙驭球，包世华. 结构力学教程 I [M]. 北京：高等教育出版社，2012.

[3] 李廉锟. 结构力学（第 4 版）上册 [M]. 北京：高等教育出版社，2004.

[4] 陈精一，蔡国忠. 电脑辅助工程分析 ANSYS 使用指南 [M]. 北京：中国铁道出版社，2001.

[5] 罗福午. 高层建筑的历史发展 [J]. 建筑技术，2002，33（1）：55-57.

[6] 陈溪，许清风，Harries Kent A. 竹材力学性能及其在土木工程中应用的研究进展 [J]. 结构工程师，2015，31（6）：208-217.

[7] 张佳，吴立香，彭扬波，等. 山东省结构设计竞赛一等奖模型设计分析 [J]. 力学与实践，2011，33（4）：77-79.

[8] 吴健，罗峥，王新龙，等. 结构设计竞赛中悬挑屋盖结构模型的计算机仿真分析 [J]. 四川建筑，2012，32（2）：135-137.

[9] 舒小娟，黄柱，周旭光. 纸拱桥结构模型优化建模分析——大学生结构设计竞赛谈 [J]. 力学与实践，2012，34（4）：89-92.

[10] 马肖彤，李总，杨金贤，等. 第十一届全国大学生结构设计竞赛模型结构设计与分析 [J]. 教育现代化，2017，（45）：216-219.